"十三五"职业教育系列教材

电工基础

主　编　王亚敏
副主编　李喜林　余艳伟
参　编　刘明玲　董连芬　吴传开
　　　　徐淑辉

机械工业出版社
CHINA MACHINE PRESS

本书为机电专业的专业基础课教材，从基本理论知识出发，介绍了电路的组成及基本定律、直流电路及其分析、交流电路及其分析、磁与电磁、非正弦周期电路、动态电路分析、非线性电阻电路、仿真软件 Multisim10 在电路分析中的应用，在每个重要知识点后还安排了实验，使读者能够在理解原理的基础上对原理进行验证，并掌握常用电工工具及仪表的使用方法。本书内容较全面、丰富，通过对其中知识的学习，可为以后专业课程的学习打下基础。本书可作为高等职业院校机电一体化、自动化类等相关专业的教材，也可供广大机电技术人员参考。

为了方便教学，本书配套有电子教案等资源，凡选择本书作为教材的教师可登录 www.cmpedu.com 网站，注册后免费下载，或来电（010-88379195）索取。

图书在版编目（CIP）数据

电工基础/王亚敏主编. —北京：机械工业出版社，2018.9（2024.6 重印）
"十三五"职业教育系列教材
ISBN 978-7-111-61605-4

Ⅰ.①电…　Ⅱ.①王…　Ⅲ.①电工-高等职业教育-教材　Ⅳ.①TM1

中国版本图书馆 CIP 数据核字（2018）第 289324 号

机械工业出版社（北京市百万庄大街 22 号　邮政编码 100037）
策划编辑：柳　瑛　责任编辑：柳　瑛　张利萍
责任校对：郑　婕　封面设计：张　静
责任印制：邓　博
北京盛通数码印刷有限公司印刷
2024 年 6 月第 1 版第 10 次印刷
184mm×260mm · 11.75 印张 · 282 千字
标准书号：ISBN 978-7-111-61605-4
定价：35.00 元

电话服务 网络服务
客服电话：010-88361066　　机 工 官 网：www.cmpbook.com
　　　　　010-88379833　　机 工 官 博：weibo.com/cmp1952
　　　　　010-68326294　　金 书 网：www.golden-book.com
封底无防伪标均为盗版　机工教育服务网：www.cmpedu.com

前　言

当前我国的职业教育掀起了新一轮课程改革的浪潮，本书根据教育改革方案的要求，将"电工基础"课程的理论知识与实验进行有机整合，使其融为一体，相互呼应。全书以培养高技能应用型人才为目的，以技能培养和应用能力培养为出发点，突出实际应用。

全书共分为十一章，内容包括：电路的组成及基本定律、简单直流电路的分析、线性电路的一般分析方法、复杂直流电路的分析、正弦交流电路、三相交流电路、磁与电磁、非正弦周期电路、动态电路的暂态分析、非线性电阻电路、Multisim 10 在电路分析中的应用。在相关知识点后还安排了实验内容，以加深对知识点的理解，培养学生使用电工工具的能力、解决实际问题的能力和进行电路分析的能力。

本书可以作为高职高专、成人教育等层次机电类、自动化类相关专业的教材，也可供广大机电技术专业人员参考。

本书由王亚敏任主编，李喜林、余艳伟任副主编，刘明玲、董连芬、吴传开、徐淑辉参编。具体编写分工为：王亚敏负责教材模式和结构的设计，并负责统稿，具体编写第一、三、六章，李喜林编写第二、十一章，余艳伟编写第五、七章，刘明玲编写第九章，董连芬编写第十章，吴传开编写第八章，徐淑辉编写第四章。在本书的编写过程中，得到了相关专家、领导和同仁的大力支持，在此一并表示感谢。

参加本书编写的人员均为各校执教本门课程的骨干教师，书中内容广泛吸纳了全国各地"电工基础"课程教学中的成功经验和课改成果，但由于编者水平有限，书中难免存在疏漏，敬请读者不吝指正。

编　者

目 录

第一章　电路的组成及基本定律

第一节　电路的组成及基本工作状态

一、电路的作用

电路是由若干电气设备或电气元件组成的电流通路，简言之，电路即为电流所通过的闭合路径。在日常生活中有许多常见的电路：如家庭的照明电路、手电筒电路等。电路的功能主要体现在以下两个方面：

1）进行能量的转换、传输和分配，电能传输示意图如图 1-1 所示。

2）实现信息的传递和处理，扩音机电路示意图如图 1-2 所示。

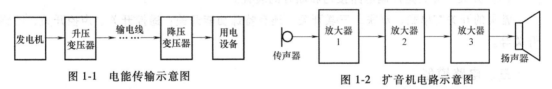

图 1-1　电能传输示意图　　　　　图 1-2　扩音机电路示意图

二、电路的组成

图 1-3 所示为简单的照明电路，电路主要由电源、负载、导线和开关四部分组成。

（1）电源　电源是电路中能量的来源，如图 1-3 中的干电池。其本质是将其他形式的能量转换成电能，并为电路提供电能的设备。

常见的电源及其能量转换方式：

干电池：化学能——电能；

发电机：机械能——电能；

光电池：光能——电能。

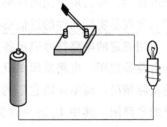

图 1-3　电路模型

>> 小知识：

　　废电池是危害我们生存环境的一大杀手！一粒小小的纽扣电池可污染 $600m^3$ 的水资源，相当于一个人一生的饮水量；一节一号电池烂在地里，能使 $1m^2$ 的土地失去利用价值，并造成永久性公害。在对自然环境威胁最大的几种物质中，电池里就包含了汞、铅、镉等多种，汞具有强烈的毒性，对人体中枢神经的破坏力很大。

（2）负载　负载又称用电器，如图1-3中的灯泡。它是将电能转换成其他形式能量的装置，是电路中接收电能、吸收电能，或者说消耗电能的设备。

常见的负载及其能量转换：

电灯泡：电能——→光能；

吹风机：电能——→热能或风能；

电动机：电能——→机械能；

扬声器：电能——→声能。

（3）导线　导线是用来连接电源和用电器的金属线，一般是由铜、铝或钢等导电材料制成的，用来疏导电流或是导热。

常用导体：

1）银：很好的导电材料，氧化后仍可导电，但价格昂贵，不适宜用作导线，常用来制造开关的触点。

2）铜：铜的导电性能仅次于银，比铝要高35%～40%。铜在大气中稳定性能较好。

3）铝：铝质较轻，价格低廉，但机械强度差，容易折断，特别在接头处易蠕变。且较为活泼，但铝加入微量元素可提高其化学稳定性。铝也容易过载发热，存在安全隐患，易发生电化学和化学腐蚀。

（4）开关　开关是控制电路接通和断开的装置。

常见的开关有单联、双联、三联开关，还有特殊功能开关：遥控开关、声控开关、遥感开关等。

三、电路模型

用抽象的理想元件及其组合近似替代实际电路元件，从而把实际电路的本质反映出来，构成了与实际电路相对应的理想化电路，称之为电路模型。无论简单的还是复杂的实际电路都可以通过理想化的电路模型得以充分的描述，今后所讨论的电路都是电路模型。需要指出的是，模型元件仅是实际元件的近似模拟，并不是实际元件本身。

用规定的电路符号表示各种理想元件而得到的电路模型图称为电路原理图。电路原理图只反映电气设备在电磁方面相互联系的实际情况，而不反映它们的几何位置等信息。图1-4是一个简单的电路图。其中U_s是一种称为电压源的电路元件，电阻元件R_L表示一个实际负载。

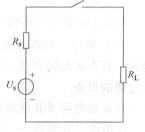

图1-4　简单电路图

第二节　电路的基本物理量

在电工技术中，实验分析和理论分析是解决电路问题的两种方法。理论分析方法是对具体电路先画出电路模型，然后做定性或定量的分析计算。在进行这种分析研究时，就必须用到电流、电压、电动势和功率等基本物理量。

一、电流

1. 电流的形成

电荷的定向移动形成电流，移动的电荷又称载流子。

2. 电流的大小

电流的大小等于单位时间内通过横截面的电荷量。在单位时间内，通过导体横截面的电荷量越多，就表示流过该导体的电流越强，其定量关系表示为

$$i = \frac{dq}{dt} \tag{1-1}$$

式中，dq 为导体截面中在 dt 时间内通过的电荷量。

电荷量的单位为库仑（C）；时间的单位为秒（s）；电流的单位为安培（A），还有千安（kA）、毫安（mA）及微安（μA）等。

假如电流为恒定的，即式（1-1）的比值为常数，就称为直流电流，简称直流（DC）。对不随时间变化的物理量用大写字母表示，式（1-1）可改写为

$$I = \frac{Q}{t} \tag{1-2}$$

>> **小知识：**

单位换算小技巧

在国际单位前所加的 M（兆）、k（千）、m（毫）、μ（微）、n（纳）、p（皮）分别表示 10^6、10^3、10^{-3}、10^{-6}、10^{-9}、10^{-12} 数量级。如 $1km = 10^3 m$，$1kg = 10^3 g$，$1mA = 10^{-3}A$，$1\mu A = 10^{-6}A$。

【例 1-1】 某导体在 0.5s 内通过的电荷量为 2C，则导体中有多大电流通过？

解：$I = \dfrac{Q}{t} = \dfrac{2C}{0.5s} = 4A$。

3. 电流的方向

习惯上规定正电荷移动的方向为电流的方向，因此电流的方向实际上与电子移动的方向相反。

在分析和计算较为复杂的直流电路时，经常会遇到某一电流的实际方向难以确定的问题，这时可先任意假定电流的参考方向，然后根据电流的参考方向列方程求解。

如果计算结果 $I>0$，表明电流的实际方向与参考方向相同（如图 1-5a 所示）；

如果计算结果 $I<0$，表明电流的实际方向与参考方向相反（如图 1-5b 所示）。

【例 1-2】 如图 1-6 所示，已知 $I_1 = 1A$，$I_2 = -2A$，请确定 I_1、I_2 的实际方向。

解：图 1-6 中 $I_1 = 1A > 0$，因此，I_1 的实际方向和参考方向（即箭头方向）一致，由 a 点经 R_1 流向 b 点；图 1-6 中 $I_2 = -2A < 0$，因此 I_2 的实际方向和参考方向（即

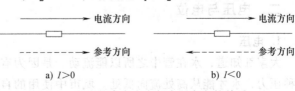

图 1-5 电流的参考方向与实际方向的关系

箭头方向）相反，由 c 点经 R_2 流向 d 点。

关于电流的参考方向总结如下：

1）在分析电路前，尽可能假定一个参考方向。

2）参考方向可以任意选择，但参考方向一经选定，电流就成为一个代数量，即有正、负之分。

3）在未标定参考方向的情况下，电流的正负值是毫无意义的。

4）今后电路中所标注的电流方向都是参考方向，不一定是电流的实际方向。

4. 电流的测量

1）对交、直流电流应分别使用交流电流表和直流电流表测量。

2）电流表必须串接到被测量的电路中。

3）直流电流表表壳接线柱上标有"＋""－"记号，应和电路的极性相一致，不能接错，否则指针会反转，既影响正常测量，也容易损坏电流表。

4）合理选用电流表的量程。测量时，一般要先估计被测电流的大小，再选择电流表的量程。若一时无法估计，可先用最大量程档，当指针偏转不到 1/3 刻度时，再改用较小一档去测量，直至测到准确数值为止。

>> **温馨提示:**

用小量程电流表去测量大电流，会烧坏电流表；用大量程电流表去测量小电流，会影响测量的准确度。

5. 电流密度

为了描述导体内各点电流分布的情况，引入电流密度这个物理量。所谓电流密度就是当电流在导体的横截面上均匀分布时，该电流与导体横截面积的比值。电流密度用 J 来表示，即

$$J = \frac{I}{S} \tag{1-3}$$

式中，I 为导体中的电流（A）；S 为导体的横截面积（mm^2）；J 为电流密度（A/mm^2）。

值得注意的是：电流沿均匀导体流动时，电流在导体同一截面上各点的分布是均匀的。但是，若电流在不均匀导体或者在大块导体中流动以及在高频电路中，各点的电流分布就不再均匀了。

导体中允许通过的电流随导体横截面积的不同而有所不同，当导体中通过的电流超过允许值时，导体将发热、冒烟而发生事故。

二、电压与电位

1. 电压

大家都知道，水在管中之所以能流动，是因为有着高水位和低水位之间的差别而产生的一种压力，水才能从高处流向低处。城市中使用的自来水，之所以能够一打开阀门，就能从管中流出来，也是因为自来水的贮水塔比地面高，或者是由于水泵推动使水产生了压力差。

电也是如此，电流之所以能够在导线中流动，也是因为在电路中有着高电势能和低电势能之间的差别。这种差别叫作电势差，也叫作电压。换句话说，在电路中，任意两点之间的电位差称为这两点的电压。通常用字母 U 代表电压，电压的单位是伏特（V），简称伏，用符号 V 表示。电压的单位还有微伏（μV）、毫伏（mV）和千伏（kV）。

$$1kV = 10^3 V$$
$$1mV = 10^{-3} V$$
$$1\mu V = 10^{-6} V$$

在图 1-7 中，设正电荷 q 从 a 点移到 b 点所做的功为 W，a、b 两点间的电压用 U_{ab} 表示为

$$U_{ab} = \frac{W}{q} \tag{1-4}$$

可见，电压从能量方面表示了电场力做功的能力，它总是与电路中某两点相联系，则 a、b 两点的电压，在数值上等于电场力把单位正电荷从 a 点移到 b 点所做的功。

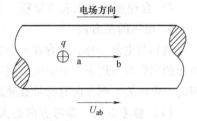

图 1-7　电压的概念

2. 电位

电路中每一点都有一定的电位，就如同空间的每一处都有一定的高度一样。电路中某一点到参考点之间的电压，称为该点的电位，用符号 V 表示。电位可以理解为电路中电荷的"位置"。对电位这个概念而言，参考点是很重要的，因此参考点不同，电路中同一点的电位就不一样。

（1）电位参考点的选择方法

1）在电力工程中常选大地作为电位参考点，用符号"⏚"表示。

2）在电子线路中，常选一条特定的公共线或机壳作为电位参考点，用符号"⊥"表示。

例如：有些设备的机壳是需要接地的，这时凡与机壳连接的各点均为零电位。

又如：有些设备的机壳虽然不一定真的和大地连接，但很多元件都要汇集到一个公共点，为了方便起见，可规定这一公共点为零电位。

在电路中通常用符号"⊥"标出电位参考点。

（2）电位定义　电路中零电位点（参考点）规定之后，电路中某一点与参考点之间的电压即为该点的电位。电位可以理解为电路中电荷的"位置"。

注意：

某点电位为正，说明该点电位比参考点高；某点电位为负，说明该点电位比参考点低。

电路中任意两点之间的电位差就等于这两点之间的电压，即 $U_{ab} = V_a - V_b$，故电压又称电位差。电压的方向是电位下降的方向。

【例 1-3】　如图 1-8 所示，求 C、A 两点间的电压 U_{CA}。

解：在图 1-8a 中，$V_A = 0$，$V_B = 3V$，$V_C = 9V$，则 $U_{CA} = V_C - V_A = 9V - 0V = 9V$；

在图 1-8b 中，$V_B = 0$，$V_A = -3V$，

图 1-8　例 1-3 图

第一章　电路的组成及基本定律

5

$V_C = 6V$，则 $U_{CA} = V_C - V_A = 6V - (-3)V = 9V$。

由此可知，两点间电压不会随电位参考点的变化而变化。

（3）电压与电位的区别

1）电路中某点的电位与参考点的选择有关，它是个相对值，但两点间的电位差即电压与参考点的选择无关，它是绝对值。

2）电位有大小，无方向；而电压既有大小，又有方向。

3. 电压的测量

1）对交、直流电压应分别采用交流电压表和直流电压表测量。

2）电压表必须并联在被测电路的两端。

3）直流电压表表壳接线柱上标明的"+""−"记号，应和被测两点的电位相一致，即"+"端接高电位，"−"端接低电位，不能接错，否则指针会反转，从而损坏电压表。

4）合理选用电压表的量程，其方法和电流表量程的选择方法相同。

4. 电压的正方向

电压与电流一样，也存在一个方向的问题。规定电压的方向是电场力移动正电荷的方向，电压的实际方向规定为由高电位端指向低电位端，即为电压降的方向。在分析和计算某一段电路时，电压的实际方向有时很难确定，因此同样可以任意选定该段电路电压的正方向。

（1）参考方向 参考方向是人们任意选定的一个方向。分析电路时，可任意选定电压、电流的参考方向，并由参考方向和电压、电流值的正、负来反映该电压或电流的实际方向，如图1-9所示。参考方向一经选定，在分析电路的过程中就不再变动。

电压的正方向有三种表示方法，如图1-10所示。

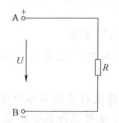

图 1-9 电压的参考方向

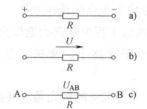

图 1-10 电压的正方向

（2）关联参考方向 在电路分析中，各元件的电流、电压参考方向都可任意选定。但是为了方便起见，对于同一元件或同一段电路，习惯上采用"关联"参考方向。即电流的参考方向与电压参考"+"极到"−"极的方向选为一致。关联参考方向又称为一致参考方向，如图1-11所示。

若电压与电流的正方向不一致，则为非关联参考方向，如图1-12所示。

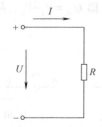

图 1-11 关联参考方向

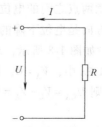

图 1-12 非关联参考方向

当电流、电压采用关联参考方向时，电路图上只需标注电流参考方向和电压参考极性中的任意一种即可。

三、电动势

电源将正电荷从电源负极经电源内部移到正极的能力用电动势表示，电动势的符号为 E，单位为 V。电动势是表征电源将非电能转换为电能的本领，即非电场力做功能力的物理量。所以电动势是表示电源性质的物理量。

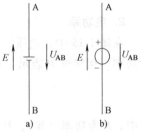

电动势的实际方向规定为电源力推动正电荷运动的方向，即电位升高的方向，所以电动势与电压的实际方向相反，如图 1-13 所示，直流电源的正、负极分别用 "+" "−" 表示。

电动势的大小可视为开路时电源正负极之间的电位差。电动势的方向规定为在电源内部由负极指向正极。

图 1-13 电动势的实际方向

对于一个电源来说，既有电动势，又有端电压（电源两端的电压）。电动势只存在于电源内部；而端电压则是电源加在外电路两端的电压，其方向由正极指向负极。

二者的区别如下：

1) 端电压与电动势方向相反。

2) 当电源外电路断开时，端电压等于电源电动势。

3) 当电源的外电路短接时，端电压约等于零。

4) 当外电路接通时，端电压小于电动势。

【例 1-4】 在图 1-14 所示的电路中，已知 $V_a = 50V$；$V_b = -40V$；$V_c = 30V$，（1）求 U_{ba} 及 U_{ac}；（2）电动势为 E 的电源装置，在图中所标的参考方向下求 E 的值。

解：（1）因为电压就是电位差，所以

$$U_{ba} = V_b - V_a = (-40-50)V = -90V$$
$$U_{ac} = V_a - V_c = (50-30)V = 20V$$

（2）根据电位的定义得 $V_b = U_{bo}$

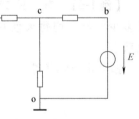

图 1-14 例 1-4 图

图中，电动势 E 的参考方向与电压 U_{bo} 的参考方向相同，故有关系式

$$E = -U_{bo} = -V_b = 40V$$

四、电功与电功率

1. 电功

电场力所做的功，即电路所消耗的电能，简称电功（即电能），用字母 W 表示，表达式为

$$W = UIt \tag{1-5}$$

式中，W 为电场力所做的功（J）；U 为导体两端的电压（V）；I 为通过导体的电流（A）；t 为通电时间（s）。

> **小知识：**
>
> 电能的另一个常用单位是千瓦时（kW·h），即通常所说的 1 度电，它和焦耳的换算关系为
>
> $$1kW·h = 3.6×10^6 J$$

2. 电功率

在图 1-15 中，电压、电流为关联正方向，电流在单位时间内所做的功称为电功率，简称功率，用字母 P 表示，单位为瓦［特］（W）。

$$P = \frac{W}{t} = UI \tag{1-6}$$

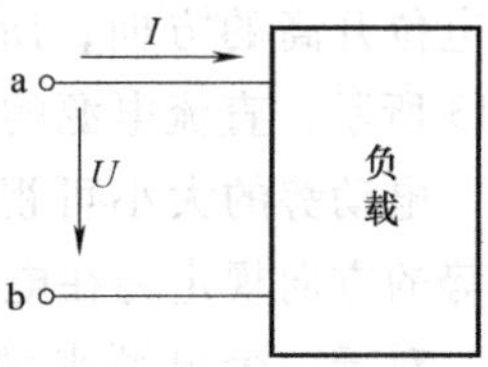

式中，P 为功率（W）；U 为电压（V）；I 为电流（A）。

对于纯电阻电路，式（1-6）还可以写为

$$P = I^2 R \text{ 或 } P = \frac{U^2}{R} \tag{1-7}$$

图 1-15　电功率的计算

若电压、电流为非关联参考方向，则

$$P = -UI \tag{1-8}$$

通过计算，若 $P>0$，则为吸收功率（称为负载）；若 $P<0$，则为发出功率（称为电源）。

3. 额定值

用电器长期工作时所允许的最大电压、电流、功率，称为额定电压、额定电流、额定功率。如果给用电器加上额定电压，它消耗的功率就是额定功率，这时用电器正常工作。

【例 1-5】　有一只 220V、40W 的白炽灯，接在 220V 的供电线路上，则通过它的电流是多少？若平均每天使用 2.5h，电价是 0.53 元/kW·h，求每月（以 30 天计）应付的电费。

解： 由 $P = UI$ 得

$$I = \frac{P}{U} = \frac{40}{220} A = 0.18A$$

每月消耗的电能为 $W = Pt = 40W × 2.5h/天 × 30 天 = 3kW·h$

每月应付电费为 0.53 元/kW·h × 3kW·h = 1.59 元

五、电流的热效应

电流通过金属导体时，做定向移动的自由电子会频繁地跟金属正离子碰撞，从而使电子在电场力的加速作用下获得功率并不断地传递给金属正离子，使金属正离子的热振动加剧，于是通电导体的内能增加，温度升高，这就是电流的热效应。

实验表明：电流与其流过导体时所产生的热量之间的关系可表示为

$$Q = I^2 Rt \tag{1-9}$$

由此可知，Q 的单位是焦耳（J），跟通过导体的电流 I 的二次方、导体的电阻 R 和通电时间 t 成正比，此关系称为焦耳定律，这种热也称焦耳热。

> **小知识:**
>
> 当电流通过电阻时，会产生热量，这就是"电流的热效应"。
>
> 例：电炉、电加热器、电热水龙头、电烙铁、电热毯、电饭锅。

实验一 使用万用表进行电压和电流的测量

一、实验目的

1) 学会使用万用表和直流稳压电源。
2) 加深理解测量电路中电位的意义。
3) 掌握线性电阻的测量方法。

二、实验原理

1. 万用表的种类

按测量结果的指示方式不同，万用表分为指针式万用表和数字万用表。

2. 万用表的用途

1) 指针式万用表的用途如下：

测量直流电压、交流电压、直流电流、电阻的阻值，判断电容的极性及好坏，判断二极管的极性及好坏，判断晶体管的极性及好坏。

2) 数字万用表的用途如下：

测量直流电压、交流电压、直流电流、交流电流、电阻的阻值，测量电容的电容量、测量二极管和晶体管的特性参数。

3. 常用的几种万用表

常用的几种万用表外形如图1-16所示。

指针式万用表　　　　数字万用表　　　　　笔式万用表　　　　钳式万用表　　　　卡式万用表

图1-16 常用的几种万用表外形

4. 指针式万用表的正确使用

指针式万用表的型号很多，但测量原理基本相同，使用方法相近。下面以电工测量中常

第一章 电路的组成及基本定律

用的 MF47 型指针式万用表为例，说明其使用方法。MF47 型指针式万用表的外形及表盘如图 1-17 所示。

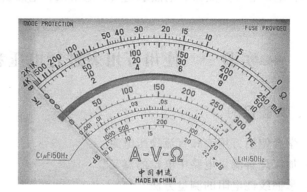

图 1-17　MF47 型指针式万用表的外形及表盘

（1）使用前的准备　万用表使用前先要调整机械零点，把万用表水平放置好，看表针是否指在电压刻度零点，如不指零，则应旋动机械调零螺钉，使表针准确指在零点上。

万用表有红色和黑色两只表笔，使用时应插在表的下方标有"+"和"-"的两个插孔内，红表笔插入"+"插孔，黑表笔插入"-"插孔。

在使用 MF47 时，应根据被测量及其大小选择相应档位。在被测量大小不详时，应先选用较大的量程测量，如不合适再改用较小的量程，以表头指针指到满刻度的 2/3 以上位置为宜。

万用表的刻度盘上有许多刻度尺，分别对应不同被测量和不同量程，测量时应在与被测电量及其量程相对应的刻度线上的读数。

（2）电流的测量　测量直流电流时，用转换开关选择适合的直流电流量程，将万用表串联到被测电路中进行测量。测量时注意正负极性必须正确，应按电流从正到负的方向，即由红表笔流入，黑表笔流出。测量大于 500mA 的电流时，应将红表笔插到"5A"插孔内。

（3）电压的测量　测量电压时，用转换开关选择适合的电压量程，将万用表并联到被测电路中进行测量。插孔内，测量直流电压时，正负极性必须正确，红表笔应接被测电路的高电位端，黑表笔接低电位端。测量大于 500V 的电压时，应使用高压测试棒，插在"2500V"插孔内，并应注意安全。交流电压的刻度值为交流电压的有效值。被测交、直流电压值，由表盘的相应量程刻度线上读数。

（4）电阻的测量　测量电阻时，用转换开关选择适当的电阻倍率。测量前应先调整欧姆零点，将表笔短接，看表针是否指在欧姆零刻度上。若不指零，应转动欧姆调零旋钮，使表针指在零点，如调不到零，说明表内电池不足，需更换电池。每次变化倍率档后，应重新调零。

测量时用红、黑两表笔接在被测电阻两端进行测量，为提高测量的准确度，选择量程时应使表笔指在欧姆刻度的中间位置附近为宜，在表盘欧姆刻度线上读出测量值。

被测电阻值＝表盘欧姆读数×档位倍率

测量接在电路中的电阻时，须断开电阻的一端或断开与被测电阻相关联的所有电路，此外还必须断开电源，对电解电容进行放电，不能带电测量电阻。

5. 数字万用表的使用

数字万用表以其测量精度高、显示直观、速度快、功能全、可靠性好、小巧轻便、耗电量小以及便于操作等优点，受到人们的普遍欢迎，已成为电子、电工测量以及电子设备维修的必备仪表，下面以 M830B 型数字万用表为例进行介绍，M830B 型数字万用表的外形如图 1-18 所示。

图 1-18　M830B 型数字
万用表的外形

（1）直流电压（DCV）测量　使用时，将功能转换开关置于"DCV"档的合适量程上，将红表笔插入测量插孔"VΩ"中，黑表笔插入测量插孔"COM"中，两表笔并联在被测电路两端，并使红表笔对应高电位端，黑表笔对应低电位端。此时显示屏显示出相应的电压数字值。如果被测电压超过所选的量程，显示屏将只显示高电位"1"，表示溢出，此时应将量程改高一档，直至得到合适的读数。但被测电压超过所用量程范围过大时，易造成万用表的损坏，因此应注意测量前的档位选择。

（2）交流电压（ACV）测量　使用时，将功能转换开关置于"ACV"档的合适量程上，将红表笔插入测量插孔"VΩ"，黑表笔插入测量插孔"COM"，两表笔并联在被测电路两端，表笔不分正负。此时显示屏显示出相应的电压数字值。如果被测电压超过所选的量程，显示屏将只显示高电位"1"，表示溢出，此时应将量程改高一档，直至得到合适的读数。

（3）直流电流（DCA）测量　使用时，将功能转换开关置于"DCA"档的合适量程上，将红表笔插入测量插孔"A"，黑表笔插入测量插孔"COM"，两表笔串联在被测电路中，并使红表笔接在电流正极方向，黑表笔接在电流负极方向。当电流超过 200mA 时，置量程转换开关于"DCA"档的"10A"量程上，并将红表笔插入测量插孔"10A"中。因此时测量最高电流可达 10A，测量时间不能超过 10s，否则会因分流电阻发热而使读数变化。

（4）电阻测量　使用时，将量程转换开关置于"Ω"档的合适量程上，无需调零，将红表笔插入测量插孔"VΩ"，黑表笔插入测量插孔"COM"，将两表笔跨接在被测电阻两端，即可在显示屏上得到被测电阻的数值。当使用 200Ω 量程进行测量时，两表笔短路时读数为 1.0，这是正常的，此读数是一个固定的偏移值，如被测电阻为 100Ω 时读数为 101Ω，正确的阻值是显示读数减去 1.0Ω。

（5）二极管和通断测试　将量程转换开关转到二极管测试位置"→▶⊢"，红表笔插入"VΩ"插孔中，黑表笔插入测量插孔"COM"中，将红表笔接在二极管正极上，黑表笔接在二极管负极上，显示屏即显示出二极管的正向导通电压降，单位为毫伏（mV）。管子的正向电压降显示值：锗管应在 200～300mV 之间，硅管应在 500～800mV 之间。如测试笔反接，显示屏应显示为"1"，表明二极管不导电，否则，表明此二极管方向漏电大，若被测二极管已损坏，则正反向连接时都显示"000"（短路）或都显示"1"（断路）。

（6）晶体管的测量　将量程功能开关转到"hFE"位置，用插座孔连接晶体管的管脚，即将被测晶体管 NPN 型或 PNP 型的基极、集电极和发射极分别插入"B""C"和"E"插孔中，即得到"hFE"的值，测试条件为 $V_{CE} = 3V$，$I_B = 10\mu A$，通常"hFE"的值显示在 0~1000 之间。

（7）注意事项

1）当显示屏出现"LOBAT"或电池符号时，表明电池电压不足，应更换。装换电池时，先关掉电源开关，打开电池盒后盖，即可更换。

2）当测量电流没有读数时请检测熔丝。过载保护熔丝熔断后更换时，需打开整个后端盒盖，即可更换。

3）测量完毕，应关上电源。若长期不用，应取出电池，以免产生漏电损坏仪表。

4）这种仪表不宜在日光直射及高温、高湿的地方长期使用与存放。其工作温度为 0~40℃，湿度小于 80%RH。

三、实验设备与器件

MF47 型指针式万用表、M830B 型数字万用表；0~250V 交流调压器、0~30V 可调直流稳压电源、各种碳膜电阻；常用电工工具一套。

四、实验内容

（1）交流电压测量　测量前，先在实验室总电源处接一个调压器，用来改变工作台上插座盒的交流电压，以供测量使用，由实验指导教师调节测量电压。

使用数字万用表和指针式万用表分别进行测量，正确选择档位或量程。将交流电压测试数据填入表 1-1 中。

表 1-1　交流电压测量值

测量次数	1		2		3		4		5	
使用仪表	指针表	数字表	指针表	数字表	指针表	数字表	指针表	数字表	指针表	数字表
仪表量程										
读数值/V										
两仪表差值										

（2）直流电压测量　按图 1-19 所示电路，把电阻连接成串、并联网络，a、b 两端接在可调直流稳压电源的输出端上，输出电压酌情确定。用数字万用表和指针式万用表分别测量串、并联网络中两点间的直流电压，正确选择档位或量程。将直流电压测量数据填入表 1-2 中。

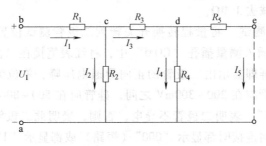

图 1-19　测量用电阻网络

表 1-2　直流电压测量值

电压测量	U_{ab}		U_{ac}		U_{ad}		U_{bc}		U_{cd}	
使用仪表	指针表	数字表	指针表	数字表	指针表	数字表	指针表	数字表	指针表	数字表
仪表量程										
读数值/V										
两仪表差值										

（3）直流电流测量　在图 1-19 所示的串、并联电阻网络各支路中逐次串入数字万用表和指针式万用表，分别测量各支路中的直流电流，正确选择档位或量程，将直流电流测量数据填入表 1-3 中。

表 1-3　直流电流测量值

电流测量	I_1		I_2		I_3		I_4		I_5	
使用仪表	指针表	数字表	指针表	数字表	指针表	数字表	指针表	数字表	指针表	数字表
仪表量程										
读数值/A										
两仪表差值										

（4）电阻测量　使用数字万用表和指针式万用表的电阻档测量图 1-19 中各电阻，并正确选择电阻档的倍率或量程。先测量单个电阻的阻值，然后测量串、并联电阻网络中两点间的电阻值，并将直流电阻测量数据填入表 1-4 中。

表 1-4　电阻测量值

单个电阻	R_1		R_2		R_3		R_4		R_5	
标称值/Ω										
使用仪表	指针表	数字表	指针表	数字表	指针表	数字表	指针表	数字表	指针表	数字表
电阻档位										
读数值/Ω										
两仪表差值										
网络电阻	R_{ab}		R_{ac}		R_{ad}		R_{ae}		R_{cd}	
标称值/Ω										
使用仪表	指针表	数字表	指针表	数字表	指针表	数字表	指针表	数字表	指针表	数字表
电阻档位										
读数值/Ω										
两仪表差值										

五、注意事项

1）使用指针式万用表测量电阻时要先调零。

2）使用万用表测量电压和电流时需转换量程，转换时要断开回路，同时把表笔在表头的位置调换，防止烧坏万用表。

第三节 电压源和电流源

电源是组成电路的三大要素之一。实际使用中电源种类很多，不论它们是以电能形式输入还是以电信号形式激励，其共同点都是向电路提供电压和电流。把其他形式的能转换成电能的装置称为有源元件，可以采用两种模型表示，即电压源模型和电流源模型。

一、电压源

1. 理想电压源

电压源是理想电压源的简称。它两端的电压是一个定值 U_s 或是一定的时间函数 $u_s(t)$，与流过它的电流无关；而流过它的电流不全由它本身确定，应由与之相连的外电路共同确定。理想电压源在电路中的图形符号如图 1-20 所示，其中 u_s 为电压源的电压，"+""−" 是其参考极性。

如果电压源的电压是定值 U_s，则称为直流电压源，图 1-21 是直流电压源模型及其伏安特性。其特点是无论负载电阻如何变化，输出电压即电源端电压总保持给定的 U_s 或 $u_s(t)$ 不变，电源中的电流由外电路决定，输出功率可以无穷大，其内阻为 0。

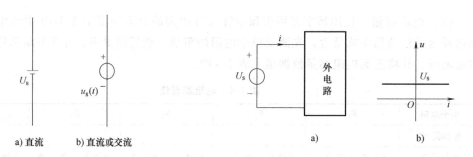

图 1-20 理想电压源　　　　　　图 1-21 直流电压源模型及其伏安特性

根据所连接的外电路，电压源中电流的实际方向既可以从它的低电位端流向高电位端，也可从高电位端流向低电位端。前者是发出功率，起电源的作用；后者是在吸收功率，是电路的负载，如蓄电池充电。

2. 实际电压源

理想电压源实际上是不存在的，电源内部总是存在一定的阻值，称为内阻。例如电池是一个实际的直流电压源，当接上负载有电流流过时，内阻就会有能量损耗，电流越大，损耗也越大，端电压就越低，这样，电池就不具有端电压为定值的特性。这时该实际电压源就可以用一个理想电压源 U_s 和内阻 R_s 相串联的电路模型来表示，如图 1-22 所示。

分析该电路的功率平衡关系，应有

$$UI = U_s I - I^2 R_s \qquad (1\text{-}10)$$

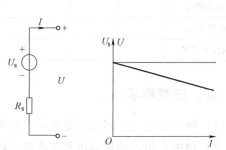

图 1-22 实际直流电压源模型及其伏安特性

即 $$U = U_s - IR_s \qquad (1\text{-}11)$$

式（1-11）说明，实际电压源的端电压是低于理想电压源的电压 U_s 的，其差值就是其内阻的电压降 IR_s。

>> **小知识：**

实际电压源的内阻越小，其特性越接近理想电压源。工程中常用的稳压电源以及大型电网等在工作时的输出电压基本不随外电路变化，都可近似地看作理想电压源。

二、电流源

1. 理想电流源（恒流源）

电流源是理想电流源的简称。它向外输出定值电流 I_s 或一定的时间函数 $i_s(t)$，而与它的端电压无关；它的端电压不全由它本身确定，应由与之相连的外电路共同确定。理想电流源在电路中的图形符号如图 1-23 所示，其中 i_s 为电流源输出的电流，箭头方向为参考方向。其特点是无论负载电阻如何变化，总保持给定的 I_s 或 $i_s(t)$，电流源的端电压由外电路决定，输出功率可以是无穷大，其内阻是无穷大。

理想电流源模型及伏安特性如图 1-24 所示，根据所连接的外电路，电流源端电压的实际方向可与其输出电流的实际方向相反，也可相同，前者是在发出功率，后者是在吸收功率。

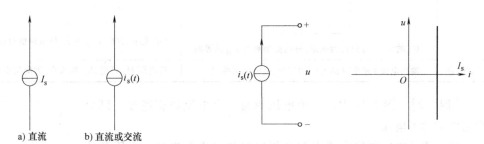

图 1-23　理想电流源在电路中的图形符号　　　图 1-24　理想电流源模型及伏安特性

a) 直流　　　b) 直流或交流

【例 1-6】　求图 1-25 所示电路中的 I_s 及 U。

解： 电流源向外输出定值电流，负载 R 上的电流 I 即为电流源的输出电流 I_s，即 $I_s = I = 2\text{A}$。

电流源的端电压由与之相连接的外电路共同决定，此处即为电阻 R 上的电压，所以 $U = IR = (2 \times 2)\text{V} = 4\text{V}$。

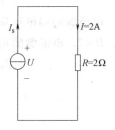

图 1-25　例 1-6 图

2. 实际电流源

理想电流源实际上也是不存在的，由于内电导的存在，电流源中的电流并不能全部输出，有一部分将在内部分流。实际电流源可用一个理想电流源 i_s 和内电导 G_s 相并联的电路模型来表示。实际直流电流源的模型及外特性曲线如图 1-26 所示。很显然，实际电流源输出到外电路中的电流 I 小于电流源电流 I_s，其差值即为内电导 G_s 上的分流 $I_1 = UG_s$，写成表达式为

$$I = I_s - UG_s \qquad (1\text{-}12)$$

图 1-26b 所示为实际电流源的伏安特性，实际电流源内电导越小，内部分流越小，其特性就越接近理想电流源。晶体管稳流电源及光电池等器件在工作时可近似地看作理想电流源。

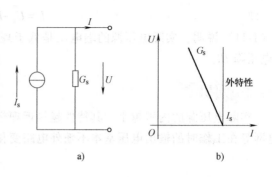

综上所述，电压源的输出电压及电流源的输出电流都不随外电路的变化而变化，它们都是独立电源，在电路中作为电源或信号源而起作用，称作"激励"。在它们的

图 1-26 实际直流电流源的模型及外特性曲线

作用下，电路其他部分相应地产生电压和电流，这些电压和电流就称作"响应"。

3. 恒压源与恒流源的比较

恒压源与恒流源的比较见表 1-5。

表 1-5 恒压源与恒流源的比较

	恒压源	恒流源
不变量	$U_{ab} = U_s$（常数） U_{ab} 的大小、方向均为固定，外电路负载对 U_{ab} 无影响	$I = I_s$（常数） I 的大小、方向均为固定，外电路负载对 I 无影响
变化量	输出电流 I 可变，I 的大小、方向均由外电路决定	端电压 U_{ab} 可变，U_{ab} 的大小、方向均由外电路决定

【例 1-7】 图 1-27 中，一个电压源与一个电流源相连接，试分析它们的功率情况。

解：流过电压源的电流由与之相连接的电流源决定，电压源的电流参考方向为由上向下，$I = 1\text{A}$，电压源的功率为

$$P_1 = (2 \times 1)\,\text{W} = 2\,\text{W}（吸收）$$

电流源的端电压应由与之相连的电流源决定，在图示参考方向下，$U = 2$，电流源的功率为

$$P_2 = (-2 \times 1)\,\text{W} = -2\,\text{W}（发出）$$

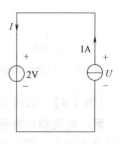

图 1-27 例 1-7 图

第四节 电阻元件和欧姆定律

一、电阻元件

1. 电阻与电阻器

（1）电阻　电阻是阻碍导体中自由电子运动的物理量，它表征了消耗电能转换成其他

形式能量的物理特征。电阻单位为欧姆（Ω），$1M\Omega = 10^3 k\Omega = 10^6 \Omega$。电阻根据其伏安特性曲线分为线性电阻和非线性电阻。

（2）电阻定律　导体的电阻是导体本身的一种性质。它的大小决定于导体的材料、长度和横截面积，即

$$R = \rho \frac{l}{S} \tag{1-13}$$

式中，ρ 为材料的电阻率（$\Omega \cdot m$）；l 为导体的长度（m）；S 为导体截面积（m^2）。

电阻率的大小反映了物体的导电能力。它与导体的几何形状无关，而与导体材料的性质和所处的条件如温度等有关。在一定温度下，对同一种材料，ρ 是常数，而不同的物质有不同的电阻率。电阻率越大，表示导电性能越差。表1-6列出了几种常用材料的电阻率。

表1-6　几种常用材料的电阻率（20℃）及温度系数

材料名称	电阻率 $\rho / \Omega \cdot m$	电阻温度系数 $\alpha / (1/℃)$	材料名称	电阻率 $\rho / \Omega \cdot m$	电阻温度系数 $\alpha / (1/℃)$
银	1.6×10^{-8}	0.0036	铁	9.8×10^{-8}	0.0062
铜	1.7×10^{-8}	0.004	碳	1.0×10^{-5}	-0.0005
铝	2.8×10^{-8}	0.0042	锰铜	44×10^{-8}	0.000006
钨	5.5×10^{-8}	0.0044	康铜	48×10^{-8}	0.000005

通常将电阻率小于 $10^{-6} \Omega \cdot m$ 的材料称为导体，如金属；电阻率大于 $10^7 \Omega \cdot m$ 的材料称为绝缘体，如石英、塑料；而电阻率介于导体和绝缘体之间的物体称为半导体，如硅、锗。导体的电阻要尽可能地小，因此，各种导体都用铜、铝等电阻率较小的纯金属制成。为了安全起见，电工用具上都安装了橡胶、木材等电阻率很大的绝缘体制作成把或套。

》》小知识：

人体电阻不是一个固定的数值。一般认为干燥的皮肤在低电压下具有相当高的电阻，约100kΩ。当电压在500～1000V时，人体电阻便下降为1kΩ。表皮具有这样高的电阻是因为它没有毛细血管。手指某部位的皮肤还有角质层，角质层的电阻值更高，而不经常摩擦部位的皮肤的电阻值是最小的。皮肤电阻还与人体与带电体的接触面积及压力有关。

电阻的倒数称为电导，用 G 表示，单位为西门子（S）；它表示电流通过的难易程度，其数值越大，表示电流越容易通过。

$$G = \frac{1}{R} \tag{1-14}$$

（3）电阻器　电阻器是一种消耗电能的元件，在电路中用于控制电压、电流的大小，或与电容器和电感器组成具有特殊功能的电路等。

电阻器按外形结构可分为固定式和可变式两大类；按电阻的制作材料可分为金属膜电阻、碳膜电阻、合成膜电阻等；按电阻的数值能否变化可分为固定电阻、可变电阻、电位器等；按电阻的用途可分为高频电阻、高温电阻、光敏电阻、热敏电阻等。

2. 电阻与温度的关系

从表1-6可知，各种材料的电阻率都随温度而变化。温度对导体电阻有两方面的影响，

一方面是温度升高使物质分子的热运动加剧，电子在导体中流过时，发生碰撞的次数增多，使导体电阻增加；另一方面在温度升高时，物质中自由电子数量增加，更容易导电，使导体电阻减小。如碳和电解液，后一个方面的因素作用大，则温度升高时，其电阻减小。在一般金属导体中，由于自由电子数几乎不随温度升高而增加，是前一方面因素作用大，所以温度升高时电阻增加。温度系数是表征各种材料的电阻率随温度变化情况的物理量。如银的温度系数为 0.036/℃，当温度增加 10℃ 时，其电阻增加 0.04Ω。

随温度升高其电阻值增大的材料，其温度系数为正值。绝大部分金属都是正温度系数；随温度升高其电阻值减小的材料，其温度系数为负值，大部分电解液和非金属导体都是负温度系数，利用某些材料对温度的敏感特性，可以制成热敏电阻。电阻值随温度升高而减小的热敏电阻称为负温度系数的热敏电阻；电阻值随温度升高而增大的热敏电阻称为正温度系数的热敏电阻。

3. 电阻的测量和识别

（1）电阻的测量　电阻可用万用表的电阻档及电阻电桥等仪器进行测量。

测量时注意以下几点：

1）准备测量电路中的电阻时应先切断电源，切不可带电测量。

2）首先估计被测电阻的大小，选择适当的倍率档。使用指针式万用表测量时，要先调零，即将两支表笔相触，旋动电阻调零电位器，使指针指在 0Ω 处。

3）测量时双手不可碰到电阻引脚及表笔金属部分，以免接入人体电阻，引起测量误差。

4）测量电路中的某一电阻时，应将电阻的一端断开。

（2）电阻的识别　电阻器的标称阻值和允许误差一般都直接标注在电阻体的表面上，体积小的电阻器则用文字符号法或色标法表示。电阻器的色环通常有四道，其中三道相距较近，作为阻值标注，另一道距前三道较远，作为误差标注。如图1-28所示；但也有色环间距不是特别明显的电阻，其最靠近引出脚的为第一道色环。

Ⅰ、Ⅱ各代表一位数字；Ⅲ代表倍率（以 10 的指数表示）。五道色环Ⅰ、Ⅱ、Ⅲ各代表一位数字，Ⅳ代表倍率，第五环代表误差。色环颜色的电阻标注见表1-7，色环的误差标注见表1-8。

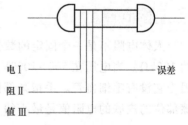

图 1-28　电阻器的色环

表 1-7　色环颜色的电阻及倍率

颜色	棕	红	橙	黄	绿	蓝	紫	灰	白	黑	金	银
数码	1	2	3	4	5	6	7	8	9	0	—	—
倍率	10^1	10^2	10^3	10^4	10^5	10^6	10^7	10^8	10^9	10^0	10^{-1}	10^{-2}

表 1-8　色环的误差标注

颜色	金	银	无色
误差	±5%	±10%	±20%

二、欧姆定律

1. 部分电路欧姆定律

只含有负载而不包含电源的一段电路称为部分电路，如图 1-29 所示。部分电路的欧姆定律是导体中的电流与导体两端的电压成正比，与导体的电阻成反比。用公式表示如下：

当电压与电流为关联参考方向时，有

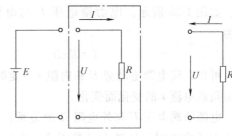

$$I = \frac{U}{R} \qquad (1\text{-}15)$$

当电压与电流为非关联参考方向时，有

$$I = -\frac{U}{R} \qquad (1\text{-}16)$$

同一个电阻元件，既可以用电阻 R 表示，也可以用电导 G 表示，引入电导后，在关联参考方向下，欧姆定律可表达为

图 1-29　部分电路

$$I = UG \qquad (1\text{-}17)$$

如果以电压作为横坐标，电流作为纵坐标，可画出电阻的 U-I 关系曲线，即伏安特性曲线，如图 1-30 所示。

电阻元件的伏安特性曲线是直线时，称为线性电阻，其电阻值可认为是不变的常数。

如果不是直线，也就是说它的数值会随着其工作电压或电流的变化而变化，这种电阻元件称为非线性电阻，如二极管等。图 1-31 所示为二极管的伏安特性。

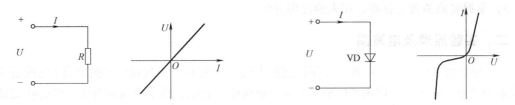

图 1-30　线性电阻的伏安特性　　　　　　图 1-31　非线性电阻的伏安特性

元件的伏安特性通常是通过实验测定的，实际的电阻器、白炽灯和电炉等元器件，或多或少都是非线性的，但这些元件在一定的工作范围内，它们的电阻值变化很小，可以近似地看作线性电阻元件，在后面的叙述中，若无特殊说明，一般所说的电阻元件均指线性电阻，并简称电阻。

2. 全电路欧姆定律

全电路是含有电源的闭合电路，如图 1-32 所示。电源内部的电路称为内电路，内电路的电阻称为内阻，简称内阻；电源外部的电路称为外电路，外电路的电阻称为外电阻。

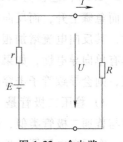

全电路欧姆定律可表述为电路中的电流与电源的电动势成正比，与电路的总电阻（内电路电阻与外电路电阻之和）成反比，即

图 1-32　全电路

$$I = \frac{E}{R+r} \qquad (1-18)$$

全电路欧姆定律又可表述为电源电动势等于外电路的电压降和内电路的电压降之和。

3. 电源的外特性

电源端电压随负载电流变化的关系称为电源的外特性，其特性曲线称为电源的外特性曲线，如图 1-33 所示。电源端电压 U 与电源电动势 E 的关系为

$$U = E - Ir \qquad (1-19)$$

可见，当电源电动势 E 和内阻 r 一定时，电源端电压 U 将随负载电流 I 的变化而变化。

电源的端电压 U 与外电阻 R 的关系：R 增大→U 增大；当 R 为无穷大时，U 最大且等于 E。电源的端电压 U 与内电阻 r 的关系：负载不变时，r 减小→U 增大；$r=0$ 时（这时的电源为理想电源），端电压不再随电流变化，$U=E$。

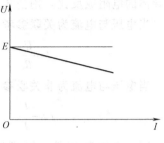

图 1-33　电源外特性

实验二　电阻元件的伏安特性验证

一、实验目的

1) 认识常用电路元件。
2) 掌握线性电阻及非线性电阻元件伏安特性的逐点测试法。
3) 掌握实验装置上仪器、仪表的使用方法。

二、实验原理及电路图

电路中任何一个元件的特性都可用该元件上的端电压 U 与通过该元件的电流 I 之间的函数关系 $I=f(U)$ 来表示，即用 I-U 平面上的一条曲线来表示，这条曲线称为该元件的伏安特性曲线。

1) 线性电阻器的伏安特性曲线是一条通过坐标原点的直线，如图 1-34 中 a 曲线所示，该直线的斜率等于该电阻器的电阻值。

2) 一般的半导体二极管是一个非线性电阻元件，其特性如图 1-34 中 b 曲线所示。正向压降很小（一般的锗管为 0.2~0.3V，硅管为 0.5~0.7V），正向电流随正向压降的升高而急骤上升，而反向电压从零一直增加到十几伏至几十伏时，其反向电流增加很小，粗略地可视为零。可见，二极管具有单向导电性，如果反向电压加得过高，超过管子的极限值，则会导致管子击穿损坏。

3) 稳压二极管是一种特殊的半导体二极管，其正向特性与普通二极管类似，但其反向特性特别，如图 1-34 中 c 曲线。在反向电压开始增加时，其反向电流几乎为零，但当反

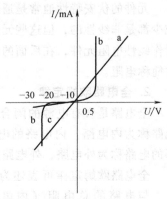

图 1-34　元件的伏安特性曲线

向电压增加到某一数值时（称为管子的稳压值，有各种不同稳压值的稳压管）电流将突然增加，以后它的端电压将维持恒定，不再随外加的反向电压升高而增大。

三、实验设备

电工技术综合实验台 1 台；直流电压表 1 块；直流电流表 1 块；

四、实验步骤

1. 测定线性电阻器的伏安特性

按图 1-35 接线，调节直流稳压电源的输出电压 U，从 0V 开始缓慢地增加到 10V，记下相应的电压表和电流表的读数。

2. 测定半导体二极管的伏安特性

按图 1-36 接线，R 为限流电阻，测二极管 VD 的正向特性时，其正向电流不得超过 25mA，正向电压降可在 0~0.75V 之间取值。特别在 0.5~0.75V 之间更应多取几个测量点。做反向特性实验时，只需将图 1-36 中的二极管 VD 反接，且其反向电压可加至 24V。实验数据填入表 1-9 和表 1-10 中。

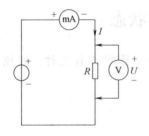 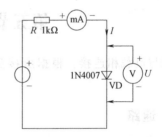

图 1-35　线性电阻器的伏安特性测量电路　　　图 1-36　半导体二极管的伏安特性测量电路

表 1-9　正向特性实验数据

U/V	0	0.2	0.4	0.5	0.55	0.75
I/mA						

表 1-10　反向特性实验数据

U/V	0	−5	−10	−15	−20	−24
I/mA						

3. 测定稳压二极管的伏安特性

只要将图 1-36 中的二极管换成稳压管 2CW55，重复实验内容 2 的测量。数据填入表 1-11 和表 1-12 中。

表 1-11　正向特性实验数据

U/V	0	0.2	0.4	0.5	0.55	0.75
I/mA						

表 1-12　反向特性实验数据

U/V	0	−5	−10	−15	−20	−24
I/mA						

五、实验注意事项

测二极管正向特性时，稳压电源输出应由小至大逐渐增加，应时刻注意电流表读数不得超过 0.5mA。

六、实验报告

1）根据各实验结果数据，分别在方格纸上绘制出光滑的伏安特性曲线（其中二极管和稳压管的正、反向特性均要求画在同一张图中，正、反向电压可取不同比例尺）。

2）根据实验结果，总结、归纳被测各元件的特性。

3）进行误差分析。

4）进行实验总结。

第五节　电路的工作状态

电源与负载相连接，根据所接负载的情况，电路的工作状态有三种：通路、短路和断路。

一、通路

通路又称闭路，就是电路各部分连接成闭合回路，电路中有电流流过，用电器正常工作。

电源接有一定负载时，将输出一定大小的电流和功率。通常，电路负载是并联在电源上的，如图 1-37 所示。因电源输出电压基本不变，所以负载的端电压也就基本不变，一般情况下，负载并接的越多，电源输出的电流也越大，输出功率也越大。

任何电气设备都有一定的电压、电流和功率的限额。额定值就是电气设备制造厂对产品规格的使用限额，通常都标在产品的铭牌或说明书上。电气设备工作在额定值的情况下就称为额定工作状态。

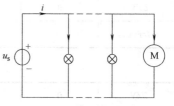

图 1-37　负载并接在电源上

电源设备的额定值一般包括额定电压 U_N、额定电流 I_N 和额定容量 S_N。其中 U_N 和 I_N 是指电源设备安全运行所规定的电压和电流限额；额定容量 $S_N = U_N I_N$，表征了电源最大允许的输出功率，但电源设备工作时不一定总是输出规定的最大允许电流和功率，究竟输出多大还取决于所连接的负载。

负载的额定值一般包括额定电压 U_N、额定电流 I_N 和额定功率 P_N，对于电阻性负载，由于这三者之间与电阻 R 之间具有一定的关系，所以它的额定值不一定全部标出。如灯泡只给出额定电压和额定功率；碳膜电阻、金属膜电阻等只给出电阻值和额定功率，其他额定值则可由相应公式算得。

应合理地使用电气设备，尽可能使它们工作在额定状态下，这样既安全可靠又能充分发挥设备的作用。这种工作状态有时也称"满载"，设备超过额定值工作时称"过载"。如过载时间较长，则会大大缩短设备的寿命，在严重的情况下甚至会使电气设备损坏。但如果使用时的电压、电流值比额定值小得多，那么设备就不能正常合理地工作或者不能充分发挥其工作能力，这都是应避免的。

二、短路

短路就是电源输出的电流未经用电器而直接经导线流回电源，如图1-38所示，也就是将a、b用导线短接时的工作状态。短路时，电路会有极大的电流，可能会烧毁电源和其他设备，一般应严防电路发生短路，绝不允许电源直接短路，在实际工作中，应经常检查电气设备和线路的绝缘情况，以防止发生电压源的事故发生。此外还在电路中接入熔断器等保护装置，以使在发生短路时能迅速切除故障电路，达到保护电源及电路器件的目的。

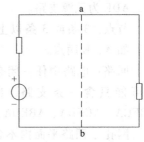

图 1-38 电路短路

三、断路

断路又称开路或空载状态，指电源与电器未接成闭合回路，处于断开状态，此时负载上电流为零，电源空载，不输出功率，这时电源的端电压称为开路电压。如图1-39所示电路中开关断开的工作状态，这时电路中无电流通过。

电路正常开路：开关控制的电路断开。

电路故障开路：虚焊、线路导线断开、线路连接点脱落等。

【例1-8】 某直流电源串接一个 $R = 11\Omega$ 的电阻后，进行开路、短路试验，如图1-40所示，分别测得 $U_{oc} = 18V$，$I_{sc} = 1.5A$，若用实际电压源模型表示该电源，求 E 及 r 的值。

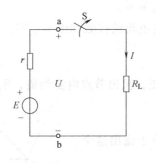

图 1-39 电路断路

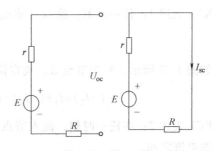

图 1-40 例 1-8 图

解： 电源开路时 $E = U_{oc} = 18V$，电源短路时，$I_{sc} = \dfrac{E}{r+R}$。

故 $r = \dfrac{E}{I_{sc}} - R = \left(\dfrac{18}{1.5} - 11\right)\Omega = 1\Omega$。

第六节　基尔霍夫定律

简单的电路可以用等效电路法进行计算，不能用电阻串、并联化简求解的电路称为复杂电路。复杂电路的分析要应用基尔霍夫定律。

一、电路的基本术语

支路：电路中的每一个分支称为支路。它由一个或几个相互串联的电路元件所构成。含有电源的支路称为有源支路，不含电源的支路称为无源支路。如图 1-41 所示电路中：ABE、ACE 为有源支路，ADE 为无源支路。

节点：3 条或 3 条以上支路所汇成的交点称为节点。如 A、E 两点。

回路：电路中任一闭合路径都称为回路。一个回路可能只含一条支路，也可能包含几条支路。如ABECA、ACEDA、ABEDA。

网孔：回路平面内不含有其他支路的回路叫作网孔。如 ABECA、ACEDA。

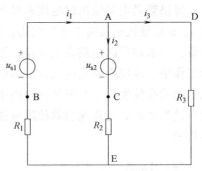

图 1-41　电路举例

>> 想一想：

　　图中有几条支路？几个节点？几个回路？几个网孔？

二、基尔霍夫电流定律（KCL）

依据：电流的连续性原理。

作用：用来确定连接在同一节点上的各支路中的电流关系。

KCL 表述 1：任一时刻，流入（或流出）任一节点的电流的代数和恒等于零。

即
$$\sum i = 0 \tag{1-20}$$

如图 1-42 所示，对于节点 A，规定流入节点电流为正，流出节点电流为负，则

$$I_1 + (-I_2) + I_3 + (-I_4) + (-I_5) = 0$$

KCL 表述 2：在任一时刻，流入节点的电流之和恒等于流出这个节点的电流之和。

公式表达：$\sum I_{流入} = \sum I_{流出}$。

图 1-42 中电流关系可表示为

$$I_1 + I_3 = I_2 + I_4 + I_5$$

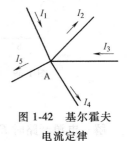

图 1-42　基尔霍夫电流定律

注意：运用 KCL 时需和两套符号打交道，其一是方程中各项前的正、负号，另一个是电流本身数值的正、负。

何为"∑"？

"∑"是数学求和符号，一般表示为"$\sum\limits_{i=m}^{n} a_i$"的形式，其下方字母 m 表示代数式中 i 的初始值，其上方字母 n 表示代数式中 i 的终值，其右方 a_i 表示含 i 的代数式。

KCL 推广：基尔霍夫电流定律可以推广应用于任意假定的封闭面。如图 1-43 对虚线所包围的闭合面可视为一个节点，该节点称为广义节点，如图 1-43 所示。流进封闭面的电流等于流出封闭面的电流，即 $I_1 + I_2 = I_3$。

【例 1-9】 已知图 1-44 中的 $I_C = 1.5\text{mA}$，$I_E = 1.54\text{mA}$，求 I_B。

解： 根据 KCL 可得

$$I_B + I_C = I_E$$

$$I_B = I_E - I_C = 1.54\text{mA} - 1.5\text{mA} = 0.04\text{mA} = 40\mu\text{A}$$

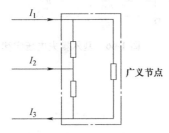

图 1-43　基尔霍夫定律的推广

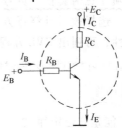

图 1-44　例 1-9 图

【例 1-10】 如图 1-45 所示的电桥电路，已知 $I_1 = 25\text{mA}$，$I_3 = 16\text{mA}$，$I_4 = 12\text{mA}$，求其余各电阻中的电流。

解： 1) 先任意标定未知电流 I_2、I_5 和 I_6 的参考方向。

2) 根据基尔霍夫电流定律对节点 a、b、c 分别列出节点电流方程式。

对节点 a：$I_1 = I_2 + I_3$　$I_2 = I_1 - I_3 = 25\text{mA} - 16\text{mA} = 9\text{mA}$

对节点 c：$I_4 = I_3 + I_6$　$I_6 = I_4 - I_3 = 12\text{mA} - 16\text{mA} = -4\text{mA}$

对节点 b：$I_2 = I_5 + I_6$　$I_5 = I_2 - I_6 = 9\text{mA} - (-4)\text{mA} = 13\text{mA}$

结果得出 I_6 的值是负的，表示 I_6 的实际方向与标定的参考方向相反。

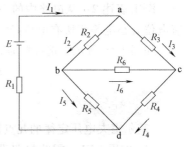

图 1-45　例 1-10 图

基尔霍夫电流定律的几点说明：

1. 应用 KCL 进行计算时，应首先假定各支路电流的正方向，当某支路电流的正方向与实际方向相同时，电流为正值，否则为负值。

2. KCL 常用于节点，也可用于一个闭合的面（广义节点）。

3. 节点电流定律对电路中每个节点都适用，如果电路中有 n 个节点，即可得到 n 个方程，但只有 $n-1$ 个方程是独立的。

第一章　电路的组成及基本定律

三、基尔霍夫电压定律（KVL）

依据：能量守恒定律。

作用：用来确定回路中各电压间的相互关系。

KVL 表述 1：在电路中，任一时刻，任意回路的各段（或各元件）电压的代数和恒等于零。数学表达式为

$$\sum u = 0 \tag{1-21}$$

应用式（1-21）时，必须先选定回路的绕行方向，可以是顺时针，也可以是逆时针。各段的电压参考方向也可选定，若电压的参考方向与回去的绕行方向一致，则该电压取正，反之则取负。同时，各电压本身的值也还有正、负之分，所以应用基尔霍夫电压定律时也必须注意两套正、负号。例如对于如图 1-46 所示的电路，选择顺时针绕行方向，按各元件上的电压的参考极性，可列出 KVL 方程为

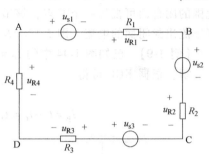

图 1-46　基尔霍夫电压定律

$$u_{s1} + u_{R1} + u_{s2} + u_{R2} - u_{s3} + u_{R3} - u_{R4} = 0$$

》》**小知识：**

何为"能量守恒定律"？

在一个不受外界作用的孤立系统内，不论发生什么变化，该系统所有能量的总和保持不变，能量只能从一种形式变化为另一种形式，或从系统内一个物体传递给另一个物体。

KVL 表述 2：从电路中的一点出发，经任意路径绕行一周回到原点，那么所经回路中所有电位升必定等于所有电位降。

如图 1-46 所示，选择顺时针绕行方向，由 KVL 表述 2，可列出 KVL 方程为

$$u_{s1} + u_{R1} + u_{s2} + u_{R2} + u_{R3} = u_{s3} + u_{R4}$$

》》**温馨提示：**

基尔霍夫电压定律的几点说明：

1. 应用 KVL，需首先假设回路绕行方向，电压的正方向与绕行方向一致时取正号，相反时取负号。

2. 闭合回路可以任意选取，但一定要是独立的闭合回路。

实验三　基尔霍夫定律的验证

一、实验目的

1）加深理解基尔霍夫定律，加深对基尔霍夫定律普遍性的理解。

2）掌握电流和电压参考方向的概念。

3）学习测试复杂电路，进一步熟悉电压表、电流表、万用表等仪表的使用方法。

二、实验原理及电路图

1. 实验原理

基尔霍夫定律是电路的基本定律。

（1）基尔霍夫电流定律　对电路中任意节点，流入（流出）该节点的电流代数和为零，即 $\sum I = 0$，或者说流入该节点的电流等于流出该节点的电流，即 $\sum I_{入} = \sum I_{出}$。

（2）基尔霍夫电压定律　在电路中任一闭合回路，其各端的电压代数和恒等于零，即 $\sum U = 0$。

在分析电路之前，应选择好绕行方向，然后规定正负。当电源电动势或电阻上假定的电流方向与绕行方向一致时取正号，反之取负号。

电压定律 KVL 中电压的方向本应指它的实际方向，但由于采用了参考方向，所以 $\sum U = 0$ 是按电压的参考方向来判断的。因此测量某闭合回路电压时，首先需要假定某一绕行方向为参考方向，按绕行方向测量各电压时，若电压表的指针正向偏转，则该电压取正值，反之取负值。

2. 实验原理图

实验原理图如图 1-47 所示。

图 1-47　实验原理图

三、实验设备

电工技术综合试验台 1 台；直流电压表 1 块；直流电流表 3 块；直流插头、插座 4 个。

四、实验步骤

（1）基尔霍夫电流定律（KCL）　本实验在电工技术综合试验台上进行。按图 1-48 所示连接电路，根据图 1-47 中电阻值和电压值选择电压表及电流表的量程。

X_1-X_2、X_3-X_4、X_5-X_6 之间用导线连接，由于不知道 AB 支路电流的大小与方向，可用点接触法测试。具体方法：取下 X_1-X_2 之间的导线，开启稳压电源，将直流表的负极表笔接至节点 B 的接线柱 X_2 上，正极表笔碰接一下接线柱 X_1，如发现指针正向偏转，说明电流流入节点 B，则取为负值；如发现指针反向偏转，应立即断开，对调电流表的正负极，重新读数，其值取正。其他两个支路的电流也可以参照上述办法测量。将测量的电流值填入表 1-13 中，电流关系为 $\sum I = I_1 + I_2 + I_3 = 0$。

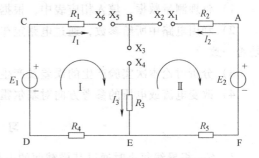

图 1-48　基尔霍夫定律实验电路

表 1-13　各支路电流值

I/mA	计算值	测量值	误差
I_1			
I_2			
I_3			
$\sum I = I_1 + I_2 + I_3$			

（2）基尔霍夫电压定律（KVL）　按图 1-48 接好线路，X_1-X_2、X_3-X_4、X_5-X_6 之间用导线连接。图中回路 ABEFA 和回路 BCDEB 的电压参考方向均以顺时针为正，反之为负。开启稳压电源，用直流电压表依次测量回路 ABEFA 中各支路电压 U_{AB}、U_{BE}、U_{EF} 和 U_{FA}；回路 BCDEB 中各支路电压 U_{BC}、U_{CD}、U_{DE} 和 U_{EB}。例如，测图中电压 U_{AB}，可将直流电压表的正极表笔接 A，负极表笔接 B，若电压表指针正偏，则 U_{AB} 的电压取正，反偏则取负。将测量的电压值均填入表 1-14 中，电压关系为 $\sum U = 0$。

表 1-14　各支路电压值

U/V	U_{AB}	U_{BE}	U_{EF}	U_{FA}	$\sum U_1$	U_{BC}	U_{CD}	U_{DE}	U_{EB}	$\sum U_2$
计算值										
测量值										
误差值										

五、注意事项

1）实验中测量电流实际方向时，用点接触法测试时要注意，碰接一下只要观察到指针摆动方向即可。

2）使用万用表测量电压和电流时需转换量程，转换时要断开回路，同时把表笔在表头的位置调换，防止烧坏万用表。

3）直流稳压电源内阻很小，可以视作理想电源，其内阻 $R_0 = 0$。

六、实验报告要求

1）整理测量数据，填入相应表中，根据测量数据验证基尔霍夫两个定律。

2）利用电路中所给参数，通过电路定律列方程计算各支路电流和电压，比较测量数据是否一致。

3）分析讨论本次实验产生的误差及产生误差的原因。

4）改变电流或电压的参考方向对基尔霍夫定律有无影响？为什么？

习　题

1. 有一根导线每小时通过其横截面的电荷量为 900C，问通过导线的电流多大？合多少毫安？多少微安？

2. 一直流电流流过导线，已知在 1min 通过导线横截面的电荷量为 9000C。问电流为多大？如果 1s 内通过导线横截面的电荷量为 9000C，问电流有多大？

3. 两地之间距离为 2km，用截面积为 16mm^{2}的铝导线，输运电能，试求铝导线的电阻。

4. 一个电吹风的电热丝的电阻值为 1210Ω，接在 220V 的电源上，它消耗的电功率是多少？用多长时间消耗 1kW·h 的电能？

5. 某 25 英寸彩电的额定电功率是 150W，周一到周五每天工作 2h，周六、周日每天工作 4h，如电费为 0.55 元/kW·h，则此彩电一周的电费是多少元？

6. 在电池两端接上电阻 $R_1 = 14Ω$ 时，测得电流 $I_1 = 0.4A$；若接上电阻 $R_2 = 23Ω$ 时，测得电流 $I_2 = 0.35A$。求此电池的电动势 E 和内阻 R_0。

7. 在图 1-49 所示直流电路中，已知理想电压源的电压 $U_s = 3V$，理想电流源 $I_s = 3A$，电阻 $R = 1Ω$。

求：（1）理想电压源的电流和理想电流源的电压；（2）讨论电路的功率平衡关系。

8. 计算图 1-50 所示电路中 A、B、C 三点的电位。

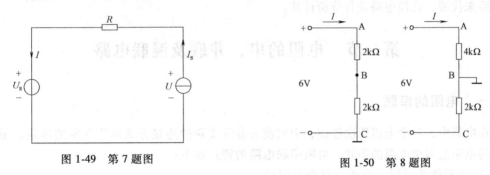

图 1-49　第 7 题图

图 1-50　第 8 题图

9. 图 1-51 所示电路中，已知电压 $U_1 = U_2 = U_4 = 5V$，求 U_3 和 U_{CA}。

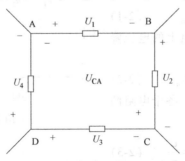

图 1-51　第 9 题图

10. 求图 1-52 所示电路中的电压 U、电流 I。

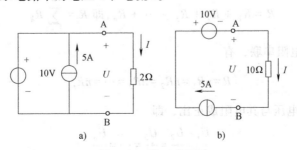

图 1-52　第 10 题图

第二章　简单直流电路的分析

独立电源和线性电阻元件组成的电路称为线性电阻电路。分析线性电阻电路的方法有很多，但基本依据都是基尔霍夫两大定律和表征元件性能的元件约束关系。等效变换是分析线性电阻电路的一种重要方法，其思路是将电路中的某一部分用一个外特性具有相同效果的简单电路来代替，化简电路进行分析计算。

第一节　电阻的串、并联及混联电路

一、电阻的串联

在电路中，几个电阻依次连接，中间没有分岔支路的连接方式叫作电阻的串联。图 2-1 所示的电路是多个电阻的串联，电阻串联电路的特点如下：

1) 各元件流过同一电流，每个电阻的电流都相等，即

$$I = I_1 = I_2 = I_3 = \cdots = I_n \qquad (2-1)$$

2) 外加电压等于各个电阻上的电压降之和，即

$$U = U_1 + U_2 + U_3 + \cdots + U_n \qquad (2-2)$$

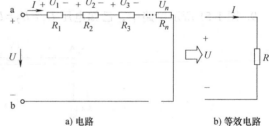

a) 电路　　　　　　　　b) 等效电路

图 2-1　电阻的串联

n 个阻值相等的电阻串联，各个电阻两端的电压相同，即

$$U_1 = U_2 = U_3 = \cdots = U_n = \frac{U}{n} \qquad (2-3)$$

3) 等效电阻：几个电阻串联的电路，可以用一个等效电阻 R 替代，即

$$R = R_1 + R_2 + R_3 + \cdots + R_n，即 R = \sum_{k=1}^{n} R_k \qquad (2-4)$$

n 个阻值相等的电阻串联，有

$$R = nR_1 = nR_2 = nR_3 = \cdots = nR_n \qquad (2-5)$$

串联电阻两端的电压与其电阻成正比，即

$$\frac{U_1}{R_1} = \frac{U_2}{R_2} = \frac{U_3}{R_3} = \cdots = \frac{U_n}{R_n} \qquad (2-6)$$

则各个元件上的电压分压公式为

$$
\begin{cases}
U_1 = R_1 I = \dfrac{R_1}{R} U \\[2mm]
U_2 = R_2 I = \dfrac{R_2}{R} U \\[2mm]
U_3 = R_3 I = \dfrac{R_3}{R} U
\end{cases}
\tag{2-7}
$$

n 个电阻串联的分压公式为

$$
U_n = \frac{R_n}{R} U \tag{2-8}
$$

由式（2-8）可知，电阻越大，分配到的电压也越大。

4）串联电路中每个电阻消耗的功率与其阻值成正比，即

$$
\frac{P_1}{R_1} = \frac{P_2}{R_2} = \frac{P_3}{R_3} = \cdots = \frac{P_n}{R_n} \tag{2-9}
$$

▶ 小知识：

串联电阻的应用：

1. 利用小电阻的串联来获得较大阻值的电阻。

2. 利用串联电阻构成分压器，可为一个电阻供给几种不同的电压。

3. 利用电阻的串联，限制和调节电路中电流的大小。

4. 利用串联电阻来扩大电压表的量程，以便测量较高的电压等。

【例 2-1】 一个电流为 0.2A、电压为 1.5V 的小灯泡，接到 4.5V 的电源上，应该串接多大的电阻，才能使小灯泡正常发光？

解：总电阻 $R = \dfrac{U}{I} = \dfrac{4.5\text{V}}{0.2\text{A}} = 22.5\,\Omega$

小灯泡灯丝的电阻 $R_1 = \dfrac{U_1}{I} = \dfrac{1.5\text{V}}{0.2\text{A}} = 7.5\,\Omega$

串联的降压电阻 $R_2 = R - R_1 = 22.5\,\Omega - 7.5\,\Omega = 15\,\Omega$

▶ 想一想：

除该题的解题思路外，还有其他思路吗？如从串联的降压电阻能承担的电压入手，可以解得该题的答案吗？

【例 2-2】 有一个表头，它的满刻度电流（即允许通过的最大电流）$I_g = 50\,\mu\text{A}$，内阻 $r_g = 3\text{k}\Omega$，若将其改装成量程为 10V 的电压表，应串联多大的电阻？

解：当表头满刻度时，表头两端的电压为

$$
U_g = I_g r_g = 50 \times 10^{-6}\text{A} \times 3 \times 10^3\,\Omega = 0.15\text{V}
$$

若量程扩大到 10V 所需串入的电阻为 R，则

$$R = \frac{U_R}{I_R} = \frac{U - U_g}{I_g} = \frac{10V - 0.15V}{50 \times 10^{-6}A} = 197k\Omega$$

即应串联一个 197kΩ 的电阻，才能把表头改装成量程为 10V 的电压表。

二、电阻的并联

在电路中，将几个电阻的一端共同连接在电路的一个点上，把它们的另一端共同连接在另一点上，这种连接方法叫作电阻的并联，如图 2-2 所示为两个电阻的并联。

电阻并联电路的特点如下：

1）各并联电阻两端的电压相同，且等于电路两端电压。

$$U = U_1 = U_2 = U_3 = \cdots = U_n \qquad (2\text{-}10)$$

2）各分支电流之和等于等效后的电流，即

$$I = I_1 + I_2 + I_3 + \cdots + I_n \qquad (2\text{-}11)$$

若 n 个阻值相等的电阻并联，则

$$I_1 = I_2 = I_3 = \cdots = I_n = \frac{I}{n}$$

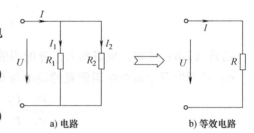

图 2-2 电阻的并联

3）几个电阻并联后的电路，可以用一个等效电阻 R 替代，即

$$\frac{1}{R} = \frac{1}{R_1} + \frac{1}{R_2} + \frac{1}{R_3} + \cdots + \frac{1}{R_n} \qquad (2\text{-}12)$$

两个电阻并联时，有

$$R = R_1 // R_2 = \frac{R_1 R_2}{R_1 + R_2}, I_1 = \frac{R_2}{R_1 + R_2} I, I_2 = \frac{R_1}{R_1 + R_2} I \qquad (2\text{-}13)$$

4）电阻中流过各并联电阻上的电流与其阻值成反比，即

$$I_1 R_1 = I_2 R_2 = I_3 R_3 = \cdots = I_n R_n \qquad (2\text{-}14)$$

5）分流公式为

$$I_n = \frac{R}{R_n} I \qquad (2\text{-}15)$$

并联电路中各个电阻消耗的功率跟它的阻值成反比，即

$$P_1 R_1 = P_2 R_2 = P_3 R_3 = \cdots = P_n R_n \qquad (2\text{-}16)$$

由式（2-12）和式（2-16）可知，负载增加，是指并联的电阻越来越多，R 越小，电源供给的电流和功率增加。

小知识：

并联电阻的应用：

1. 利用电阻的并联获得较小的阻值，以满足电路的要求。

2. 将工作电压相同的负载并联，可使任何一个负载的工作情况不受其他负载的影响。

3. 在电流表两端并接分流电阻，以扩大电流表的量程。

【例 2-3】 有三盏电灯并联接在 110V 的电源上，U_N 和 P_N 分别为 110V，100W；110V，

60W；110V，40W，求电路总功率 P、总电流 I 和等效电阻 R，以及通过各灯泡的电流和各灯泡的电阻值。

解： $P = P_1 + P_2 + P_3 = 200\text{W}$，$I = \dfrac{P}{U} = \dfrac{200}{110}\text{A} = 1.82\text{A}$

$I_1 = \dfrac{100}{110}\text{A} = 0.91\text{A}$，$I_2 = \dfrac{60}{110}\text{A} = 0.55\text{A}$，$I_3 = \dfrac{40}{110}\text{A} = 0.36\text{A}$

$R = \dfrac{U}{I} = \dfrac{110}{1.82}\Omega = 60.4\Omega$，$R_1 = \dfrac{U^2}{P_1} = \dfrac{110^2}{100}\Omega = 121\Omega$，$R_2 = \dfrac{U^2}{P_2} = \dfrac{110^2}{60\text{W}}\Omega = 201.7\Omega$，$R_3 = \dfrac{U^2}{P_3} = \dfrac{110^2}{40}\Omega = 302.5\Omega$

》》 想一想：

为什么深夜的灯泡比较亮？
晚上七八点钟的时候要暗一些？

三、电阻的混联

电路中电阻元件既有串联又有并联的连接方式，称为电阻的混联。

混联电路的计算方法如下：

1）简单混联电路的计算方法：利用串、并联的特点化简为一个等效电阻。

2）复杂混联电路的计算方法：在有些混联电路中，很难一下子就看清各电阻之间的连接关系，难以着手分析，这时就要根据电路的具体结构，按照串联和并联电路的定义和性质，对电路进行等效变换，使其电阻之间的关系一目了然，然后进行计算。

混联电路的计算步骤如下：

1）对电路进行等效变换，把不容易看清串并联关系的电路进行整理，简化成容易看清串、并联关系的电路。

2）计算各电阻串联和并联的等效电阻，再计算电路的总等效电阻。

3）由电路的总等效电阻和电路的端电压计算电路的总电流。

4）根据电阻串联的分压关系和电阻并联的分流关系，逐步推算出各部分电压和电流。

【例 2-4】 在图 2-3 所示电路中，求 ab 端口的等效电阻。

解： 先在原电路中，每一个连接点标注一个字母，同一导线相连的各连接线即等电位可用一个字母表示，如图 2-3a 所示，再按顺序将各字母沿水平方向排列，待求端的字母置于两端，如图 2-3b 所示，最后将各电阻依次填入相应的字母之间，如 2Ω 和 4Ω 的电阻串联在 b、c 之间，3Ω 的电阻串联在 c、b 之间，1Ω 电阻串联在 a、c 之间，5Ω 电阻串联在 a、b 之间。图 2-3b 所示为等效之后的电路。

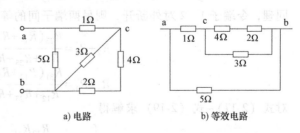

a) 电路   b) 等效电路

图 2-3 例 2-4 图

$$R_{cb} = \frac{3 \times (2+4)}{3+(2+4)}\Omega = 2\Omega$$

因此 a、b 之间的等效电阻为

$$R_{ab} = 5 // (1 + R_{cd}) = 5\Omega // (1 + 2)\,\Omega = \frac{5 \times 3}{5 + 3}\,\Omega = 1.875\Omega$$

第二节　电阻的星形及三角形等效变换

一、星形联结

三个电阻各有一端连接在一起成为电路的一个节点，而另一端分别接到 1、2、3 三个端子上与外电路相连，这样的连接方式叫作星形（Y）联结，如图 2-4a 所示。

二、三角形联结

三个电阻分别接在 1、2、3 三个端子中的每两个之间，称为三角形（△）联结，如图 2-4b 所示。

电阻的星形联结和三角形联结都是通过三个端子与外电路相连的，所以称它们为三端网络。若遵循等效变换的原则，可将这两种三端网络进行相互间的变换，就有可能将复杂的电路变换为简单电路，用于电路的分析计算。此处等效变换的原则仍是要求它们的外特性相同。即对应端子间的电压相同，流入对应端子的电流也相同。

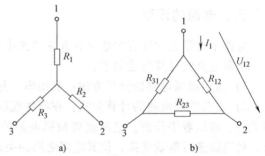

图 2-4　电阻的星形联结和三角形联结

三、等效变换

若图 2-4 中 a、b 两个网络对外是等效的，那么，在任意端子处于特殊情况时也应当是等效的。若令端子 3 对外断开，那么图 2-4a 的端子 1、2 之间的等效电阻应等于图 2-4b 中端子 1、2 的等效电阻。即

$$R_1 + R_2 = \frac{R_{12}(R_{23} + R_{31})}{R_{12} + R_{23} + R_{31}} \tag{2-17}$$

同理，令端子 1、2 对外断开，则另两端子间的等效电阻也应该有

$$R_2 + R_3 = \frac{R_{23}(R_{12} + R_{31})}{R_{12} + R_{23} + R_{31}} \tag{2-18}$$

$$R_3 + R_1 = \frac{R_{31}(R_{12} + R_{23})}{R_{12} + R_{23} + R_{31}} \tag{2-19}$$

对式（2-17）~式（2-19）求解得

$$\begin{cases} R_1 = \dfrac{R_{12}R_{31}}{R_{12} + R_{23} + R_{31}} \\[2mm] R_2 = \dfrac{R_{23}R_{12}}{R_{12} + R_{23} + R_{31}} \\[2mm] R_3 = \dfrac{R_{31}R_{23}}{R_{12} + R_{23} + R_{31}} \end{cases} \tag{2-20}$$

式（2-20）就是已知三角形网络电阻求等效星形网络电阻的关系式。

反之，如果已知的是星形网络电阻，由式（2-17）、式（2-18）、式（2-19）可解得

$$\begin{cases} R_{12} = \dfrac{R_1R_2+R_2R_3+R_3R_1}{R_3} \\[2mm] R_{23} = \dfrac{R_1R_2+R_2R_3+R_3R_1}{R_1} \\[2mm] R_{31} = \dfrac{R_1R_2+R_2R_3+R_3R_1}{R_2} \end{cases} \tag{2-21}$$

式（2-21）就是已知星形网络电阻求等效三角形网络电阻的关系式。

变换前后，对应端子间的电压和对应端子的电流将保持不变，即外特性不变。为了便于记忆，可利用下面的文字公式：

$$星形(Y)电阻 = \frac{三角形中相邻两电阻之积}{三角形电阻之和}$$

$$三角形(\triangle)电阻 = \frac{星形中各电阻两两相乘之和}{星形中另一端钮所连电阻}$$

特殊：当三角形（星形）联结的三个电阻阻值都相等时，变换后的三个阻值也应相等。即

$$R_\triangle = 3R_Y , \quad R_Y = \frac{1}{3}R_\triangle \tag{2-22}$$

【例 2-5】 求图 2-5a 中所示的电桥电路中的支路 1-2 间电流。

解： 利用 Y-△ 等效变换公式可得最后的等效电路如图 2-5c 所示。

将三角形 △234 联结的 1Ω、2Ω、1Ω 三个电阻等效变换成星形联结，则

$$\begin{cases} R_3 = \dfrac{1\times2}{1+1+2}\Omega = \dfrac{2}{4}\Omega = 0.5\Omega \\[2mm] R_2 = \dfrac{1\times2}{1+1+2}\Omega = \dfrac{2}{4}\Omega = 0.5\Omega \\[2mm] R_1 = \dfrac{1\times1}{1+1+2}\Omega = \dfrac{1}{4}\Omega = 0.25\Omega \end{cases}$$

则电阻的串并联可以简化为图 2-5b 所示的电路。

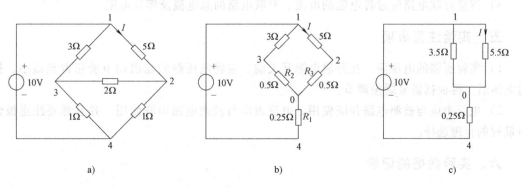

图 2-5 例 2-5 图及等效变换电路

利用电阻的串联和并联关系可以将图 2-5b 简化为图 2-5c 所示的电路。

$$I = \frac{10}{3.5 // 5.5 + 0.25} \times \frac{3.5}{3.5 + 5.5} A = \frac{70}{43} A$$

实验四　电阻串并联电路的连接和分析

一、实验目的

1）验证电阻串并联的计算。

2）进一步掌握仪器仪表的使用方法。

二、实验原理

见本章第一节内容。

三、实验设备与器件

直流可调稳压电源（0~30V）一台；直流数字毫安表（0~2000mA）一个；直流数字电压表（0~200V）一个；万用表一个；电阻若干。

四、实验内容

1. 电阻串联电路的测量

1）按图 2-6a 所示电路图连接实验原理电路。

2）将直流稳压电源输出 6V 电压接入电路。

3）测量串联电路各电阻两端的电压、流过串联电路的总电流及等效电阻。

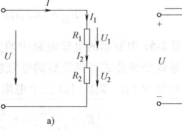

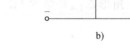

图 2-6　实验电路

2. 电阻并联电路的测量

1）按图 2-6b 所示电路图连接实验原理电路。

2）将直流稳压电源输出 6V 电压接入电路。

3）测量并联电路流过各电阻的电流、并联电路的总电流及等效电阻。

五、实验注意事项

1）实验所需的电压源，在开启电源开关前，应将电压源的输出调节旋钮调至最小，接通电源后，再根据需要缓慢调节。

2）电压表应与被测电路并联使用，电流表应与被测电路串联使用，并且都要注意极性与量程的合理选择。

六、实验数据的记录

将实验结果填入表 2-1 中。

表 2-1　实验数据

	U_1	U_2	I_1	I_2	I	U
真实值						
测量值						

七、实验结论

请读者自行分析。

第三节　电压源与电流源及其等效变换

一、理想电源模型的连接

1. 电压源的连接

（1）串联　n 个电压源串联，如图 2-7a 所示，可用一个等效电压源来替代，如图 2-7b 所示。等效电压源的电压等于各串联电压源电压的代数和，即

$$U_s = U_{s1} + U_{s2} + \cdots + U_{sn} = \sum_{k=1}^{n} U_{sk} \qquad (2-23)$$

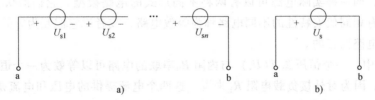

图 2-7　电压源的串联

（2）并联　n 个电压源，只有在各电压源电压值相等、极性一致的情况下才允许并联，如图 2-8a、b 所示，否则违背 KVL。其等效电路为其中的任一电压源。

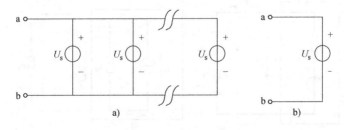

图 2-8　电压源的并联

2. 电流源的连接

（1）串联　n 个电流源，只有在各电流源电流值相等且方向一致的情况下才允许串联，如图 2-9a 所示，否则违背 KCL。其等效电路为其中的任一电流源，如图 2-9b 所示。

（2）并联　n 个电流源并联电路可等效为一个电流源，如图 2-10a、b 所示。等效电流源的电流为各并联电流源电流的代数和，即

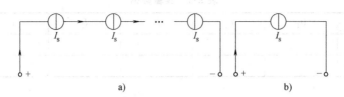

图 2-9 电流源的串联

$$I_s = I_{s1} + I_{s2} + \cdots + I_{sn} = \sum_{k=1}^{n} I_{sk} \tag{2-24}$$

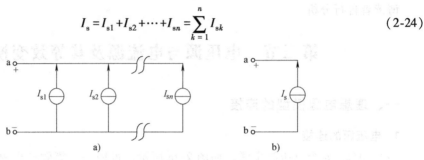

图 2-10 电流源的并联

二、电源的等效变换

我们知道，同一种实际电源可以有两种不同形式的电路模型，它们的伏安特性是相同的。我们把具有相同伏安特性的不同电路称为等效电路，或者说它们互为等效。然而这种等效是相对于外电路而言的。

如图 2-11 中，一个恒压源 $E(U_r)$ 与内阻 R_0 串联的电路可以等效为一个恒流源 I_s 与内阻 R_0' 并联的电路。因为对外接负载电阻 R_L 来说，这两个电源提供的电压和电流是完全相同的，即 $U = U'$，$I = I'$。那么对负载而言这两个电路是相互等效的，它们之间可以变换，变换条件为 $R_0 = R_0'$；$E = I_s R_0$；$I_s = \dfrac{E}{R_0}$。

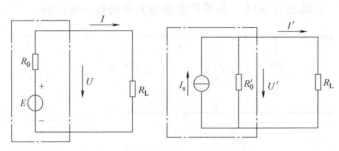

图 2-11 电压源与电流源的等效变换

变换时要注意 I_s 与 E 的正方向必须保持一致，即 I_s 的方向对应从 E 的负极指向正极。

【例 2-6】 试求图 2-12 所示电路的等效电流模型，并求出流经 15Ω 电阻中的电流。

解：图 2-12a 中 $U_s = 10V$，$R_0 = 5Ω$，则 $I_s = 2A$，I_s 的方向为箭头向下，再把 5Ω 的电阻与 I_s 并联即可，如图 2-12b 所示。现在来检验这两种模型分别对 15Ω 电阻提供的电流，图 2-12a 中

$$I = \frac{10}{20} \text{A} = 0.5 \text{A}$$

图 2-12b 中

$$I = \frac{5}{15+5} \times 2 \text{A} = 0.5 \text{A}$$

那么若要求出两种模型中流过 5Ω 电阻中的电流，则

图 2-12a 中　　$I = 0.5 \text{A}$

图 2-12b 中　　$I' = 2 \text{A} - 0.5 \text{A} = 1.5 \text{A}$

假如当 15Ω 电阻断开时，图 2-12a 所示电路中无电流流过，就没有功率损耗；而图 2-12b 所示电路中电流为 2A，功耗 $P = I_s^2 R_0$。

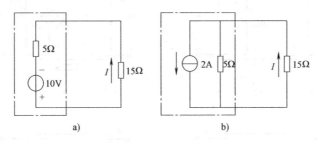

a)　　　　　　　　　　b)

图 2-12　例 2-6 图

》》温馨提示：

电压源与电流源的等效是针对外电路而言的，对电源内部来说，这种等效是不成立的。需要指出的是，理想电压源与理想电流源之间没有等效关系，因为它们的伏安特性是不一样的。

第四节　受控源及含受控源电路的等效变换

一、受控源

在电子电路中，常会遇到另一种性质的电源，它们有着电源的一些特性，但它们的电压或电流又不像独立电源那样是给定的时间函数，而是受电路中某个电压或电流的控制。这种电源称为受控源，也称为非独立源。KCL、KVL 同样适用于含受控源的电路。

受控源可用一个具有两对端子的电路模型来表示：一对输入端和一对输出端。

输入端是控制量所在的支路，称为控制支路，控制量可以是电压或电流。

输出端是受控源所在的支路，它输出被控制的电压或电流。因此，受控源可有四种类型：

1）电压控制电压源，简称 VCVS，如图 2-13a 所示。

2）电压控制电流源，简称 VCCS，如图 2-13b 所示。

3）电流控制电压源，简称 CCVS，如图 2-13c 所示。

4）电流控制电流源，简称 CCCS，如图 2-13d 所示。

图 2-13 中的菱形符号表示受控源，其参考方向的表示方法与独立电源相同，μ、g、r、β 为控制系数。μ 和 β 的量纲为 1，g 和 r 分别具有电导和电阻的量纲。当这些系数为常数时，受控源称为线性受控源。

受控源和独立源在电路中的作用是不同的，当受控源的控制量不存在时，受控源的输出电压或电流也就为零，它不可能在电路中单独起作用。它只是用来反映电路中某处的电压或电流可以控制另一处的电压或电流这一现象。

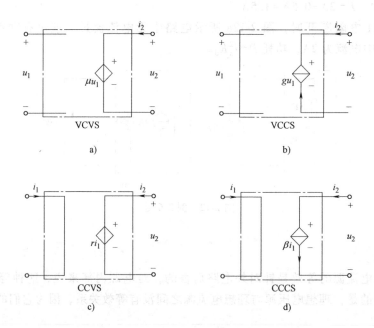

图 2-13 受控源

二、含受控源电路的等效变换

与独立电源等效变换类似，受控电压源和受控电流源之间也可以进行等效变换，变换的方法与独立电源相同。但在变换时，<u>必须注意不要把受控源的控制量消除掉，一般应保留控制量所在支路</u>。

【例 2-7】 用等效变换法求图 2-14a 电路中的电压。

解： 利用电压源和电流源的等效变换原理，可将图 2-14a 等效变换为图 2-14b。

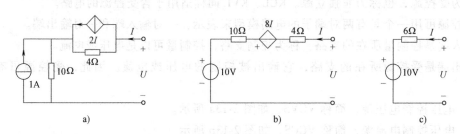

图 2-14 例 2-7 图

列出 KVL 方程式得 $U = 4I - 8I + 10I + 10 = 6I + 10$

据此，画出等效电路如图 2-14c 所示。

习 题

1. 电阻的连接方式有哪些？

2. 电阻的串联、并联有哪些应用？

3. 试画出电阻的星形联结和三角形联结的电路图。

4. 星形联结与三角形联结的等效变换条件是什么？

5. 已知图 2-15 所示两个电阻并联的电路中 $U_总 = 24V$，$R_1 = 6\Omega$，$R_2 = 3\Omega$，求等效电阻 $R_总$、总电流 $I_总$ 和电阻 R_1、R_2 上的电流。

6. 电压源和电流源等效变换的条件是什么？

7. 用电源等效变换法求图 2-16 所示电路中的电流 I_1、I_2、I_3。

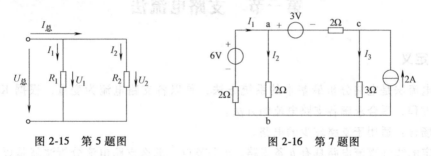

图 2-15　第 5 题图　　　　　　图 2-16　第 7 题图

8. 将图 2-17 所示各电路简化为一个等效的电压源或理想电流源。

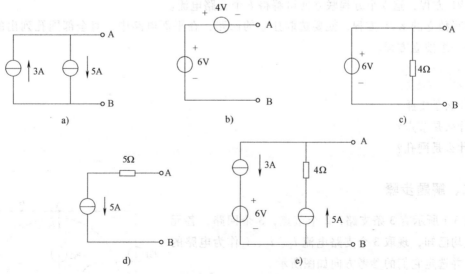

图 2-17　第 8 题图

41

第二章　简单直流电路的分析

第三章 线性电路的一般分析方法

前面介绍了几种利用等效变换进行电路分析的方法，对于复杂电路不能用串并联关系进行化简，还需寻求一些系统化的方法，即不改变电路的结构，先选择电路变换（电流或电压），本章介绍几种线性电路的分析方法。

第一节 支路电流法

一、定义

支路电流法是电路分析最基本的系统方法，是以各支路电流为变量，根据 KCL、KVL 列写电路方程，联合求解各支路电流的方法。

使用场合：适用于支路较少的电路。

设给定的线性直流电路具有 b 条支路、n 个节点，那么支路电流分析法就是以 b 个未知的支路电流作为待求量，对 $n-1$ 个节点列出独立的 KCL 方程，再对 $b-(n-1)$ 个回路列出独立的 KVL 方程，这 b 个方程联立便可解得 b 个支路电流。

列写独立的 KVL 方程，就要选取独立的回路，在平面电路中，对全部网孔列出的 KVL 方程是一组独立方程。

> **» 想一想：**
>
> 什么是支路？
>
> 什么是节点？
>
> 什么是网孔？

二、解题步骤

图 3-1 所示有 3 条支路，2 个节点，3 个回路，各元件参数均已知，现取 3 个支路电流 i_1、i_2、i_3 作为电路的变量，并选定它们的参考方向如图所示。

1）根据 KCL，可列出 2 个节点的电流方程为

节点 A：$i_3 = i_1 + i_2$

节点 E：$i_3 = i_1 + i_2$

很明显，这两个方程实际上是一个方程，所以对两个节点的电路，只能列出一个独立的节点电流方程。一

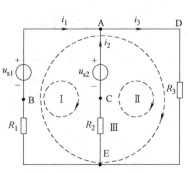

图 3-1　支路电流法示意图

般来讲，具有 n 个节点的电路，只能列出 $n-1$ 个独立的 KCL 方程。对应于独立方程的节点称为独立节点。具有 n 个节点的电路只有 $n-1$ 个独立节点，剩余的那个节点就称为非独立节点，非独立节点可以任意选定。

▶▶ 小知识：

　　独立回路：每一回路至少含有一条其他已取的回路所没有包含的回路。选取独立回路的原则一般是以网孔为独立回路，实际中也可以计算方便为原则进行选取。

2）利用 KVL 列出 m 个独立的回路电压方程。

对回路 Ⅰ：$i_1R_1-i_2R_2=u_{s1}-u_{s2}$；

对回路 Ⅱ：$i_2R_2+i_3R_3=u_{s2}$；

对回路 Ⅲ：$i_1R_1+i_3R_3=u_{s1}$。

上述三个方程式中，利用任意两个都可以导出第三个方程式，所以，只有两个回路电压方程是独立的。

将独立的节点电流方程和节点电压方程组成联立方程组，解出各支路电流。

列出三个独立方程，得

$$\begin{cases} i_3=i_1+i_2 \\ i_2R_2+i_3R_3=u_{s2} \\ i_1R_1+i_3R_3=u_{s1} \end{cases} \tag{3-1}$$

解出该独立方程，求得三条支路电流。

▶▶ 温馨提示：

　　若电路的支路数为 b，网孔数为 m，节点数为 n，那么，可列出的节点电压方程的个数为 $m=b-n+1$。独立回路数等于网孔数。

对节点电流法的一般步骤归纳如下：

1）确定已知电路的支路数 b、节点数 n，并在电路图上标示出各支路电流的参考方向。

2）应用 KCL，列写 $n-1$ 个独立节点方程式。

3）应用 KVL，列写 $b-n+1$ 个网孔电压方程式。

4）联立求解方程，求出 b 个支路电流。

【例 3-1】 用支路电流法求图 3-2 所示电路中的各支路电流。

解： 因 $n=2$，可列出 1 个独立的 KCL 方程；有 2 个网孔，可列出 2 个独立的 KVL 方程，电路的方程组为

$$\begin{cases} I_1+I_2+I_3=0 \\ -30+5I_2+35-15I_3=0 \\ 10+10I_1-5I_2+30=0 \end{cases}$$

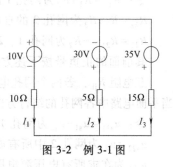

图 3-2　例 3-1 图

解方程组，得 $I_1=0.818\text{A}$，$I_2=2.363\text{A}$，$I_3=0.454\text{A}$。

第二节 回路电流法

一、回路电流法的定义及解题步骤

1. 回路电流法的定义

对于一个具有 n 个节点、b 条支路的电路来说：

$$支路电流法：\begin{cases} KCL\,方程：n-1 \\ KVL\,方程：b-n+1 \end{cases} b\,个方程$$

支路电流法的规律性不强，当电路的结构相对复杂且支路数较多时，手工求解会很困难。如果减少变量的数目，就能减少方程的个数，从这个目的出发，还需寻求其他的系统分析方法，寻找一组相互独立的电路变量，它们具有较少的数目，且能够用它们表征电路中任意的物理量，从而有效减少电路方程数量，有助于求解电路。以电路的一组独立回路的回路电流作为变量，根据 KVL 列出各独立回路的电压方程，从而求解电路的方法称为回路电流法。

网孔电流法：以电路的一组网孔电流为电路变量，按 KVL 对各网孔列出电压方程，从而求解电路的方法。网孔电流法是回路电流法的特例。假想每个网孔中有一个网孔电流，在每个关联节点处网孔电流自动满足 KCL 方程，只需要对网孔列 KVL 方程。

2. 解题步骤

如图 3-3 所示，支路数 $b=3$，节点数 $n=2$。独立回路数为 $m=b-n+1=2$。选图示的两个网孔为独立回路，网孔电流分别为 i_{m1}、i_{m2}。支路电流 $i_1=i_{m1}$，$i_2=i_{m2}-i_{m1}$，$i_3=i_{m2}$。依据 KVL 列出网孔电流方程。

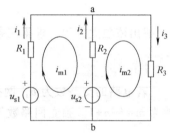

图 3-3 回路电流法示意图

网孔 1：$R_1 i_{m1}+R_2(i_{m1}-i_{m2})-u_{s1}+u_{s2}=0$

网孔 2：$R_2(i_{m2}-i_{m1})+R_3 i_{m2}-u_{s2}=0$

以上电压与回路绕行方向一致时取正号；否则取负号。

整理得网孔电流方程为

$$\left.\begin{array}{l}(R_1+R_2)i_{m1}-R_2 i_{m2}=u_{s1}-u_{s2} \\ -R_2 i_{m1}+(R_2+R_3)i_{m2}=u_{s2}\end{array}\right\} \tag{3-2}$$

令：$R_{11}=R_1+R_2$ 为网孔 1 的自电阻，等于网孔 1 中所有电阻之和；

$R_{22}=R_2+R_3$ 为网孔 2 的自电阻，等于网孔 2 中所有电阻之和；

$R_{12}=R_{21}=-R_2$ 为网孔 1、2 之间的互电阻，其大小为两个网孔公共支路上的电阻之和。

其前面的正负号按下述方法进行判断：

互电阻 R_{jk}：若两个网孔电流流过公共支路时方向相同，则互电阻前取正号；否则取负号。当平面电路中各网孔的绕行方向都为顺时针（或都为逆时针）时，互电阻 R_{jk} 均为负值。

令：$u_{s11}=u_{s1}-u_{s2}$ 为网孔 1 中所有电压源电压的代数和；

$u_{s22}=u_{s2}$ 为网孔 2 中所有电压源电压的代数和；

u_{skk} 为在求所有电压源电压的代数和时，当网孔中各个电压源电压的方向与该回路方向一致时，取负号；反之取正号。

网孔电流的标准方程式为

$$\begin{cases} R_{11}i_{m1} + R_{12}i_{m2} = u_{s11} \\ R_{21}i_{m1} + R_{22}i_{m2} = u_{s22} \end{cases} \tag{3-3}$$

3. 网孔电流法的几点说明

1）对于具有 m 个网孔的平面电路，网孔电流方程的一般形式为

$$\begin{cases} R_{11}i_{m1} + R_{12}i_{m2} + \cdots + R_{1m}i_{mm} = u_{s11} \\ R_{21}i_{m1} + R_{22}i_{m2} + \cdots + R_{2m}i_{mm} = u_{s22} \\ \vdots \\ R_{m1}i_{m1} + R_{m2}i_{m2} + \cdots + R_{mm}i_{mm} = u_{smm} \end{cases} \tag{3-4}$$

式中，R_{kk} 为自电阻（总为正），$k = 1，2，\cdots，m$，任选绕行方向）；R_{jk} 为互电阻，流过互阻的两网孔电流方向相同，则 R_{jk} 前面取正号；流过互阻的两网孔电流方向相反，则 R_{jk} 前面取负号；两个网孔之间没有公共支路或虽有公共支路但其电阻为零时，$R_{jk} = 0$。

2）回路电流法的一般步骤如下：

① 选定电路中各个网孔的绕行方向。

② 对 m 个网孔，以网孔电流为未知量，列写其 KVL 方程。

③ 求解上述方程，得到 m 个网孔电流。

④ 求各支路电流（用网孔电流表示）。

⑤ 结果验证。

【例 3-2】 用网孔电流法求如图 3-4 中各支路的电流。

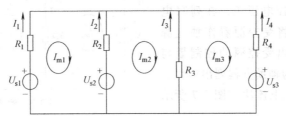

图 3-4　例 3-2 图

解：1）设各网孔电流方向为顺时针方向并在图中标出。

2）对每个网孔列 KVL 方程：
$$\left. \begin{array}{r} (R_1 + R_2)I_{m1} - R_2 I_{m2} = U_{s1} - U_{s2} \\ -R_2 I_{m1} + (R_1 + R_3)I_{m2} - R_3 I_{m3} = U_{s2} \\ -R_3 I_{m2} + (R_3 + R_4)I_{m3} = -U_{s3} \end{array} \right\}$$

3）求解回路电流方程，得 I_{m1}、I_{m2}、I_{m3}。

4）求各支路电流：$I_1 = I_{m1}$，$I_2 = I_{m2} - I_{m1}$，$I_3 = I_{m3} - I_{m2}$，$I_4 = -I_{m3}$。

二、含电流源电路的处理

当电路中含有电流源时，分两种情况：

1）有电阻与电流源并联，则先做电源等效变换，再列回路电流方程。如图 3-5a、b 所示，图 a 为等效变换前电路，图 b 为变换后的电路。

2）电路中存在无伴电流源，即没有电阻与该电流源并联。

应适当地选择独立回路，使含电流源的支路为某一回路所独有，则此回路的回路电流就为已知，回路电流的变量就少了一个，对应的回路方程可不必列出，若任意选择独立回路，则在列写回路电流方程时就必须考虑电流源的端电压这一未知变量，并补充一个反映电流源电流与相关回路电流间关系的辅助方程。

图 3-5　电流源等效变换

【例 3-3】　列写图 3-6 所示电路的回路电流方程。

解：对电路中的电流源 I_{s1}，设其两端电压为 U，其参考极性如图所示，并选每个回路的绕行方向为顺时针，则对应的回路电流方程为

$$\begin{cases} (R_4+R_5)I_{l1}-R_5I_{l2}=U \\ -R_5I_{l1}+(R_2+R_5+R_1)I_{l2}-R_2I_{l3}=-U_{s2} \\ -R_2I_{l2}+(R_2+R_3)I_{l3}=U_{s2}-U \\ I_{l1}-I_{l3}=I_{s1}\,(约束方程) \end{cases}$$

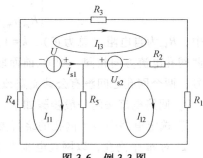

图 3-6　例 3-3 图

由这四个方程式正好可以解出四个未知的待求量 I_{l1}、I_{l2}、I_{l3} 和 U。

三、含受控源电路的处理

若电路中含有受控电压源，在列写电路方程时，可暂时先将受控源看作独立源一样看待，然后再找出受控源的控制量与电路变量的关系，作为辅助方程列出即可。

【例 3-4】　用网孔电流法求图 3-7 所示电路的各支路电流。

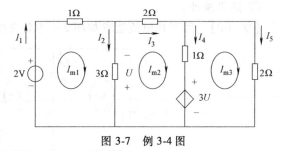

图 3-7　例 3-4 图

解：1）将 VCVS 看作独立源建立方程；

2）找出控制量和网孔电流的关系，每个网孔列 KVL 方程。

$$\left.\begin{array}{l} (1+3)I_{m1}-3I_{m2}=2 \\ -3I_{m1}+(3+2+1)I_{m2}-I_{m3}=-3U \\ -I_{m2}+(1+2)I_{m3}=3U \end{array}\right\} \tag{3-5}$$

补充方程：
$$U=3(I_{m2}-I_{m1}) \tag{3-6}$$

将式（3-6）代入式（3-5），整理得

$$\begin{cases} 4I_{m1}-3I_{m2}=2 \\ -12I_{m1}+15I_{m2}-I_{m3}=0 \\ 9I_{m1}-10I_{m2}+3I_{m3}=0 \end{cases}$$

解得 $I_{m1}=1.19\text{A}$　　　$I_{m2}=0.92\text{A}$　　　$I_{m3}=-0.5\text{A}$

各支路电流为

$$\begin{cases} I_1 = I_{m1} = 1.19A \\ I_2 = I_{m1} - I_{m2} = 0.27A \\ I_3 = I_{m2} = 0.92A \\ I_4 = I_{m2} - I_{m3} = 1.42A \\ I_5 = I_{m3} = -0.5A \end{cases}$$

验证：取回路计算电压 $1 \times I_1 + 2 \times I_3 + 2 \times I_5 - 2 = 0$，说明计算正确。

电路中含有受控电流源时，处理方法与理想电流源相似。

» 想一想：

当电路中含有理想电流源或受控电流源时，用网孔电流法该如何求解各支路电流？

第三节　节点电压法

一个电路只有一个非独立节点，若以这个节点作为电路的参考点，则其他各个独立节点的电位就称为这些节点的节点电压。以电路中各独立节点的电压（相对于参考节点的电压）作为变量，利用欧姆定律和 KVL，将各支路电流用节点电压表示出来，然后对独立节点应用 KCL，列出电流方程。这种方法称为节点电压法。节点电压法适用于支路较多、节点较少的复杂直流电路。在这里仅讨论具有一个独立节点（两个节点）的节点方程。

如图 3-8 所示，根据 KVL 可列出方程为

$$I_1 R_1 + U_{ab} = E_1$$
$$I_2 R_2 + U_{ab} = E_2$$
$$I_1 + I_2 = I_3$$

其中：$I_1 = \dfrac{E_1 - U_{ab}}{R_1}$，$I_2 = \dfrac{E_2 - U_{ab}}{R_2}$，$I_3 = \dfrac{U_{ab}}{R_3}$

将各电流代入电流方程并解得

$$U_{ab} = \frac{E_1/R_1 + E_2/R_2}{\dfrac{1}{R_1} + \dfrac{1}{R_2} + \dfrac{1}{R_3}}$$

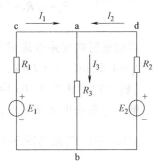

图 3-8　节点电压法示意图

把上述结论加以归纳，可以得到任意两节点的电压表达式为

$$U = \frac{\sum E/R}{\sum 1/R} \tag{3-7}$$

式中，分母各项为支路电阻的倒数，且为正；分子各项可正可负，当电动势 E 与节点电压 U 方向相反时取正号，相同时取负号。实质上分子为各电源变成电流源后流向独立节点的定值电流。规定流向独立节点电流为正，流出为负。

由式 (3-7)，可得

$$U = \frac{\sum I_s}{\sum 1/R} \tag{3-8}$$

第三章　线性电路的一般分析方法

一旦求出了图 3-8 中的 U_{ab}，再求各支路电流就方便了。式（3-7）、式（3-8）仅适用于具有两个节点的电路，不要任意推广。

【例 3-5】　在图 3-8 所示的电路中，已知 $E_1 = 250V$，$E_2 = 239V$，$R_1 = 1\Omega$，$R_2 = 0.5\Omega$，$R_3 = 30\Omega$，试求各支路电流并进行验算。

解：$U_{ab} = \dfrac{\dfrac{250}{1} + \dfrac{239}{0.5}}{1 + \dfrac{1}{0.5} + \dfrac{1}{30}} V = 240V$

$I_3 = \dfrac{240}{30} A = 8A$

$U_{ab} = E_1 - I_1 R_1$，$I_1 = \dfrac{E_1 - U_{ab}}{R_1} = \dfrac{250 - 240}{1} A = 10A$

$U_{ab} = E_2 - I_2 R_2$，$I_2 = \dfrac{E_2 - U_{ab}}{R_2} = \dfrac{239 - 240}{0.5} A = -2A$

$I_3 = I_1 + I_2 = 10A - 2A = 8A$

【例 3-6】　已知图 3-9 所示的电路参数为 $E_1 = 30V$，$I_{s1} = 2mA$，$R_1 = 6k\Omega$，$R_2 = 1k\Omega$，$R_3 = 3k\Omega$，试用节点电压法求出各未知支路电流。

解：$U_{cd} = \dfrac{E_1/R_1 - I_{s1}}{1/R_1 + 1/R_2 + 1/R_3} = \dfrac{\dfrac{30}{6} - 2}{\dfrac{1}{6} + 1 + \dfrac{1}{3}} V = 2V$

再根据所取支路电流正方向可得

$I_1 = 4.67mA$，$I_2 = 2mA$，$I_3 = 0.67mA$

【例 3-7】　求图 3-10a 中 A 点的电位。

解：可先求出回路电流，再求 A 点的电位，但用节点电压法更为简便。

将图 3-10a 等效为图 3-10b，则 $U_A = \dfrac{50/10 - 50/5}{\dfrac{1}{10} + \dfrac{1}{5} + \dfrac{1}{20}} V = -14.3V$

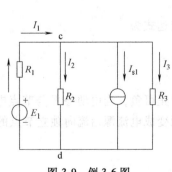

图 3-9　例 3-6 图

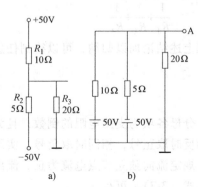

图 3-10　例 3-7 图

习　　题

1. 支路电流法的依据是什么？

2. 简述支路电流法的求解过程。

3. 如图 3-11 所示电路，试用支路电流法求各支路电流 I_1、I_2、I_3。

4. 什么电路用节点电压法求解较合适？

5. 图 3-12 所示电路中，用节点电压法求 I_1、I_2、I_3。

6. 图 3-13 所示电路中，已知：$U_{s1} = 6\text{V}$，$U_{s2} = 8\text{V}$，$I_s = 0.4\text{A}$，$R_1 = 0.1\Omega$，$R_2 = 6\Omega$，$R_3 = 10\Omega$，$R = 3\Omega$，用节点电压法求各支路电流 I_1、I_2、I_3。

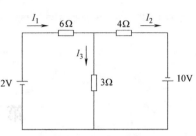

图 3-11　第 3 题图

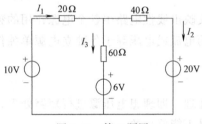

图 3-12　第 5 题图

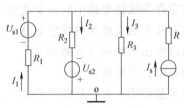

图 3-13　第 6 题图

7. 列出图 3-14 所示电路的网孔电流方程。

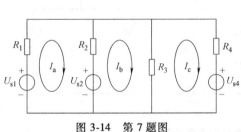

图 3-14　第 7 题图

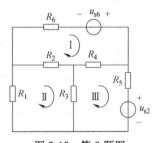

图 3-15　第 8 题图

8. 列出图 3-15 所示电路的网孔电流方程。

9. 列出图 3-16 电路的支路电流方程。

10. 用网孔分析法求解图 3-17 所示电路的各支路电流。

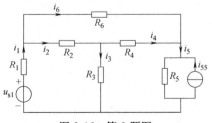

图 3-16　第 9 题图

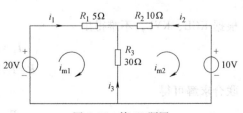

图 3-17　第 10 题图

第四章 复杂直流电路的分析

第一节 叠 加 定 理

一、叠加定理的定义

叠加定理是线性电路中的一个重要定理，它反映出线性电路中各个电源作用的独立性原理。在具有几个独立电源的线性电路中，各支路的电流或电压等于各独立电源单独作用时产生的电流或电压的叠加（代数和）。

适用范围：线性电路。

电源单独作用：对不起作用的电源进行除源处理，即理想电压源进行短路处理，理想电流源进行开路处理。仅能叠加电流、电压，功率是不能叠加的。

代数和：若分电流与总电流方向一致时，分电流取 " + "；反之取 "–"。叠加定理分析图如图 4-1 所示。

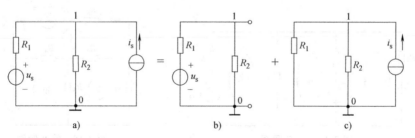

图 4-1 叠加定理分析图

二、叠加定理的验证

已知电路图如图 4-2a 所示，该电路含有一个电压源和一个电流源，现要求解电流 I_2 的值。

根据 KCL、KVL，不难得出

$$I_1 = I_2 - I_s$$
$$E = I_1 R_1 + I_2 R_2$$

联合求解可得

$$I_2 = \frac{E}{R_1 + R_2} + \frac{R_1}{R_1 + R_2} I_s \tag{4-1}$$

由式（4-1）可见，I_2 含有两个分量，即

$$I_2 = I_2' + I_2'' \tag{4-2}$$

其中 $I_2' = \dfrac{E}{R_1 + R_2}$ 为电压源 E 单独作用于电路时在 R_2 支路产生的电流（此时电流源不作用，处于开路状态），如图 4-2b 所示。

而 $I_2'' = \dfrac{R_1}{R_1 + R_2} I_s$，则为电流源 I_s 单独作用时，在 R_2 支路产生的电流（此时电压源不作用，处于短路状态），如图 4-2c 所示。

即 R_2 支路产生的电流为各电源单独作用时，在该支路上产生的电流的代数和。

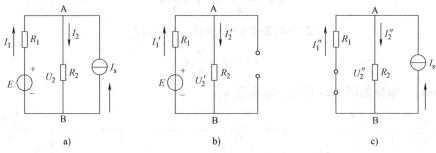

图 4-2　叠加定理的验证

【例 4-1】　如图 4-3 所示电路图，求 i_1。

解：1）电路中有两个独立电源共同作用，电流源单独作用时，电压源可看作短路，如图 4-4a 所示，此时的电流为

$$I' = \frac{5}{5 \times 5} \times 1\mathrm{A} = 0.5\mathrm{A}$$

2）电压源单独作用时，电流源可看作短路，如图 4-4b 所示，此时的电流为

$$I'' = \frac{3}{5 + 5}\mathrm{A} = 0.3\mathrm{A}$$

由叠加定理得

$$I = I' + I'' = 0.3\mathrm{A} + 0.5\mathrm{A} = 0.8\mathrm{A}$$

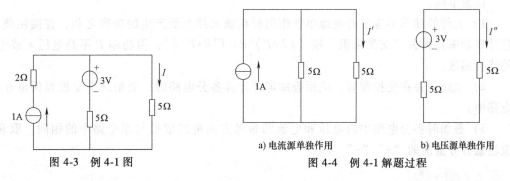

图 4-3　例 4-1 图

图 4-4　例 4-1 解题过程

【例 4-2】　用叠加定理求图 4-5a 所示电路中的电流 I。

解：1）画出只有一个电源的电路图（注意：叠加定理只适用于独立电源，受控源保持不变），如图 4-5b、c 所示。

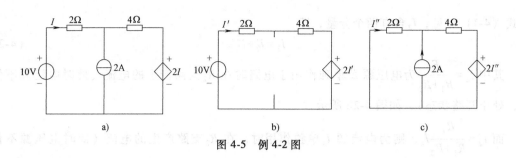

图 4-5 例 4-2 图

2）求各电路的未知量。

$$I' = \frac{10-2I'}{2+4} \qquad I' = \frac{5}{4}A$$

$$2I''-4(2-I'')+2I''=0 \qquad I''=1A$$

$$I=I'+I''=\frac{9}{4}A$$

【例 4-3】 电路如图 4-6a 所示，求电压 u_3。

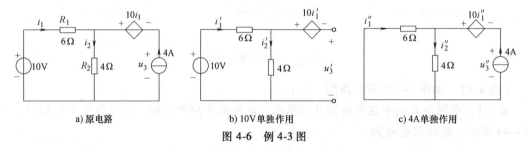

a) 原电路   b) 10V 单独作用   c) 4A 单独作用

图 4-6 例 4-3 图

解： 应用叠加定理，画出 10V、4A 单独作用的等效电路，如图 4-6b、c 所示。则有

$$i_1' = i_2' = \frac{10}{6+4} = 1A, \qquad u_3' = -10i_1'+4i_2' = -6V$$

$$i_1'' = -\frac{4}{6+4} \times 4A = -1.6A, \quad i_2'' = 4A+i_1'' = 2.4A, \quad u_3'' = -10i_1''+4i_2'' = 25.6V$$

$$u_3 = u_3'+u_3'' = -6V+25.6V = 19.6V$$

注意事项：

1）元件的功率不等于各电源单独作用时在该元件上所产生的功率之和，直接用叠加定理计算功率将失去"交叉乘积"项 $[(I'+I'')^2 R \neq I'^2 R + I''^2 R]$，因功率 P 不是电压 u 或电流 i 的线性函数。

2）电路中存在受控源时，应用叠加定理计算各分电路时，要始终把受控源保留在各分电路中。

3）叠加时各分电路中的电压和电流的参考方向可以取得与原电路中的相同。取和时，应注意各分量前的"+""–"号。

>> 温馨提示：

叠加定理是反映线性电路基本性质的一个重要原理，它只能用来求电路的电压或电流，不能用来计算功率。

用叠加定理求电路中各支路电流的步骤如下：

① 假定电路内只有某一个电动势起作用，而且电路中所有的电阻都保持不变（包括电动势等于零后的电源的内阻），对于这个电路求出它的电流分布。

② 再假定只有第二个电动势起作用，而其余所有的电动势不起作用，再进行计算。即依次对所有电动势进行类似的计算。

③ 最后把所得结果合起来。

第二节 替代定理

一、定义

已知端口电压和电流值分别为 α 和 β，则 N_1（或 N_2）可以用一个电压为 α 的电压源或用一个电流为 β 的电流源置换，不影响 N_2（或 N_1）内部各支路电压、电流的数值，这就是替代定理，也可称为置换定理，如图 4-7 所示。

替代定理可推广到非线性电路，只要知道端口电压或端口电流，就可以用电压源和电流源进行置换。

替代定理是非常有用的定理，在以后的定理证明中多次用到。当把网络 N 分解为 N_1 和 N_2 后，且求出了 N_1 和 N_2 的端口电压和端口电流

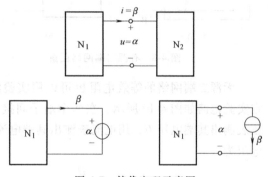

图 4-7　替代定理示意图

后，通过将 N_1（或 N_2）用电压源或电流源置换，进而可求出 N_1 和 N_2 中各支路的电压和电流。

二、应用替代定理注意事项

1）替代不是等效变换，被等效变换的支路在外电路参数变化时，等效电路的参数不会变，而被替代支路在外电路参数变化时，被替代支路的电流、电压是会发生变化的。

2）替代定理不仅可以用于线性电路，还可以用于非线性电路。

第三节 戴维南定理和诺顿定理

在实际复杂电路（网络）的分析计算中，有时并不需要求出全部支路的电流或电压，只要求出其中某条支路中的电流或某个元件上的电压即可。此时应用等效电源定理求解就比较方便。由于电源可以用电压源和电流源两种形式来表示，所以等效电源定理也就相应包含两个内容：一是戴维南定理；二是诺顿定理。为了叙述方便，须先介绍与之有密切关系的二端网络的概念。

一、二端网络

如图 4-8a 所示电路中，若要求解 R_L 所在支路中的电流 I，可以把这条支路看作外电路

划出，而其余部分就成为一个具有两个出线端、内部含有电源的电路，这种电路称为有源二端网络，如图中点画线框部分，据此，可把图 4-8a 画成图 4-8b 的形式。

如果二端网络是由线性电阻元件、电压源、电流源组成的，则称为有源线性二端电阻网络。

若网络中不含电源，如图 4-9a 中点画线框部分所示，则称为无源二端网络。可用图 4-9b 中的矩形框代替图 4-9a 中的点画线框部分。无源二端网络的等效电阻可根据电阻的串并联关系求出，如图 4-9a 中点画线框部分的等效电阻为

$$R = (R_4 + R_5) /\!/ R_3$$

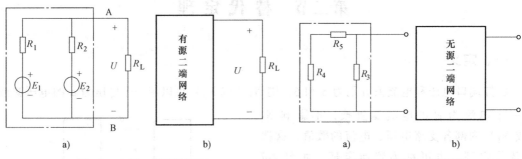

图 4-8　有源二端网络图解　　　　　图 4-9　无源二端网络

无源二端网络的等效电阻也可以用实验法测定，其测定实验电路如图 4-10 所示。在两个端子间接一电源，用电压表测出其端电压 U，用电流表测出其端电流 I，则其等效电阻为

$$R = \frac{U}{I}$$

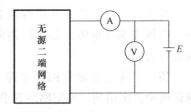

图 4-10　无源二端网络
等效电阻的测定

有源二端网络无论其内部结构程度是复杂还是简单，对于外电路来说，它总是提供电能的部分，也就是说这部分可以看作一个实际电源。因而它的伏安特性与实际电源的伏安特性相同。

二、戴维南定理

1. 戴维南定理的定义

线性含源单口网络 N，可等效为一个电压源串联电阻支路，电压源电压等于该网络 N 的开路电压 u_{oc}，串联电阻 R_{eq} 等于该网络中所有独立源置为零值时所得网络 N_0 的等效电阻 R_{ab}，如图 4-11 所示。

若线性含源单口网络的端口电压 u 和电流 i 为非关联参考方向，则其电压 u 可表示为

$$u = u_{oc} - R_{eq} i$$

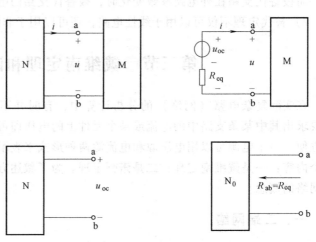

图 4-11　戴维南定理示意图

2. 戴维南定理的证明

戴维南定理可以用叠加定理来证明。如图 4-12 所示，将 M 用电流源 $i_s = i$ 替代，再根据叠加定理，端口处电压 u 和电流 i 可叠加得到

$$u = u' + u'' = u_{oc} - R_{ab}i$$

$$i = i' + i'' = 0 + i_s = i_s$$

因此，从网络 N 的两个端钮 a、b 来看，含源单口网络可等效为一个电压源串联电阻的支路，其电压源电压为 u_{oc}，串联电阻为 R_{eq}。

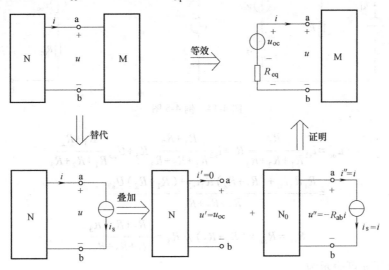

图 4-12 叠加定理的证明

【例 4-4】 试求图 4-13 中 $12k\Omega$ 电阻的电流 i。

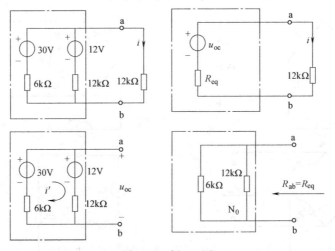

图 4-13 例 4-4 图

解：据戴维南定理，除 $12k\Omega$ 电阻以外的部分可等效为电压源 u_{oc} 与电阻 R_{eq} 的串联组合。

因为

$$i' = \frac{30 - 12}{6 + 12}mA = 1mA$$

$$u_{oc} = 12V + 12k\Omega i' = 24V$$

又 $$R_{ab} = 6k\Omega /\!/ 12k\Omega = 4k\Omega, R_{eq} = R_{ab} = 4k\Omega$$

所以 $$i = \frac{U_{oc}}{R_{eq} + 12k\Omega} = \frac{24V}{4k\Omega + 12k\Omega} = 1.5mA$$

【例 4-5】 求图 4-14 所示单口网络电压 u。

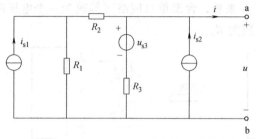

图 4-14　例 4-5 图

解：
$$u_{oc} = i_{s1}\frac{R_1}{R_1 + R_2 + R_3}R_3 + i_{s2}\frac{R_1 + R_2}{R_1 + R_2 + R_3}R_3 + U_{s3}\frac{R_1 + R_2}{R_1 + R_2 + R_3}$$

$$= \frac{R_1 R_3 i_{s1} + (R_1 + R_2)R_3 i_{s2} + (R_1 + R_2)U_{s3}}{R_1 + R_2 + R_3}$$

$$R_{eq} = R_{ab} = (R_1 + R_2) /\!/ R_3 = \frac{(R_1 + R_2)R_3}{R_1 + R_2 + R_3}$$

该网络电压 u 可表示为

$$u = u_{oc} - R_{eq}i$$

【例 4-6】 试用戴维南定理求图 4-15 中经过 R_L 的电流 I。

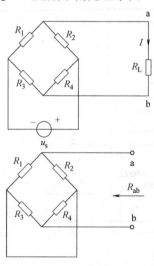
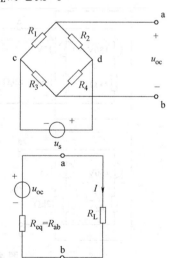

图 4-15　例 4-6 图

解：1）求 u_{oc}（断开 R_L）。

$$u_{oc} = u_{ab} = u_{ac} + u_{cb} = \frac{R_1}{R_1 + R_2}U_s - \frac{R_3}{R_3 + R_4}U_s$$

$$= \frac{U_{\mathrm{s}}(R_1 R_4 - R_2 R_3)}{(R_1 + R_2)(R_3 + R_4)}$$

2）求 R_{eq}（将电压源置零）。

$$R_{\mathrm{eq}} = R_1 /\!/ R_2 + R_3 /\!/ R_4$$

$$I = \frac{u_{\mathrm{oc}}}{R_{\mathrm{eq}} + R_{\mathrm{L}}}$$

应用戴维南定理求解电路的步骤归纳如下：

1）把待求支路划出，使其余部分成为有源二端网络。

2）求出有源二端网络的开路电压 U_{oc}，作为等效电路的电源电压 $U_{\mathrm{s}}(E_0)$。

3）变有源二端网络为无源网络，求出无源网络的等效电阻 R_{eq}。

4）用 $U_{\mathrm{s}}(E_0)$ 与 R_{eq} 相串联的电路（戴维南等效电路）代替有源二端网络。

5）将待求支路接入，求解所需的电流或电压。

这里关键的问题是正确求解开路电压和等效内阻。

三、诺顿定理

如图 4-16 所示，线性含源单口网络 N，可以等效为一个电流源并联电阻的组合，电流源的电流等于该网络 N 的短路电流 i_{sc}，并联电阻 R_{eq} 等于该网络中所有独立源为零值时所得网络 N_0 的等效电阻 R_{ab}。

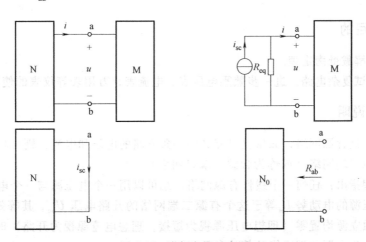

图 4-16　诺顿定理示意图

根据诺顿定理，线性含源单口网络的端口电压 u 和 i 为非关联参考方向时，则其电流可表示为

$$i = i_{\mathrm{sc}} - \frac{u}{R_{\mathrm{eq}}} \tag{4-3}$$

应用诺顿定理计算时，要注意恒流源电流的方向。如若有源二端网络的短路电流是由 a 流向 b，则恒流源激励电流应由 b 经电源内部流向 a。

【例 4-7】 求图 4-17 所示电路的戴维南等效电路和诺顿等效电路，端口内部有电流控制电流源，$i_{\mathrm{c}} = 0.75 i_1$。

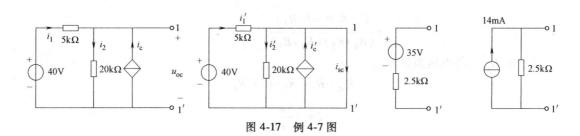

图 4-17 例 4-7 图

解： 1）求 u_{oc}。

$$i_2 = i_1 + i_c = 1.75i_1，又有 \quad 5k\Omega i_1 + 20k\Omega i_2 = 40V$$

联立两式可得

$$(5k\Omega + 1.75 \times 20k\Omega)i_1 = 40V$$

所以

$$i_1 = 1mA，u_{oc} = 35V$$

2）求 i_{sc}。

$$i_1 = 40V/5k\Omega = 8mA，i_{sc} = i_1' + i_c' = 1.75i_1' = 14mA$$

$$R_{eq} = \frac{u_{oc}}{i_{sc}} = 35V/14mA = 25k\Omega$$

实验五　戴维南定理的验证

一、实验目的

1）加深理解戴维南定理。
2）学习测试复杂电路，进一步熟悉电压表、电流表、万用表等仪表的使用。

二、原理说明

任何一个线性含源网络，如果仅研究其中一条支路的电压和电流，则可将电路的其余部分看作一个有源二端网络（或称为含源一端口网络）。

戴维南定理指出：任何一个线性有源网络，总可以用一个电压源与一个电阻的串联来等效代替，此电压源的电动势 U_s 等于这个有源二端网络的开路电压 U_{oc}，其等效内阻 R_{eq} 等于该网络中所有独立源均置零（理想电压源视为短接，理想电流源视为开路）时的等效电阻。

U_{oc} 和 R_{eq} 称为有源二端网络的等效参数。

有源二端网络等效参数的测量方法有四种，分别介绍如下：

1. 开路电压、短路电流法测 R_{eq}

在有源二端网络输出端开路时，用电压表直接测其输出端的开路电压 U_{oc}，然后将其输出端短路，用电流表测其短路电流 I_{sc}，则等效内阻为

$$R_{eq} = \frac{U_{oc}}{I_{sc}}$$

如果二端网络的内阻很小，则将其输出端口短路易损坏其内部元件，因此不宜用此法。

2. 伏安法测 R_{eq}

用电压表、电流表测出有源二端网络的外特性曲线，如图 4-18 所示。

根据外特性曲线求出斜率 $\tan\varphi$，则内阻

$$R_{eq} = \tan\varphi = \frac{\Delta U}{\Delta I} = \frac{U_{oc}}{I_{sc}}$$

也可以先测量开路电压 U_{oc}，再测量电流为额定值 I_N

时的输出端电压值 U_N，则内阻为 $R_{eq} = \dfrac{U_{oc} - U_N}{I_N}$

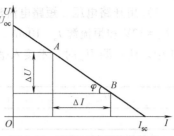

图 4-18　有源二端网络外特性

3. 半电压法测 R_{eq}

如图 4-19 所示，当负载电压为被测网络开路电压的一半时，负载电阻（由电阻箱的读数确定）即为被测有源二端网络的等效内阻值。

4. 零示法测 U_{oc}

在测量具有高内阻有源二端网络的开路电压时，用电压表直接测量会造成较大的误差。为了消除电压表内阻的影响，往往采用零示测量法，如图 4-20 所示。

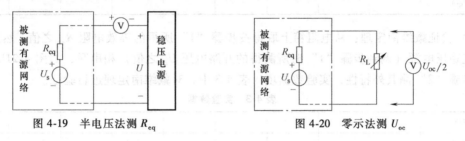

图 4-19　半电压法测 R_{eq}　　　　　　图 4-20　零示法测 U_{oc}

零示法测量原理是用一低内阻的稳压电源与被测有源二端网络进行比较，当稳压电源的输出电压与有源二端网络的开路电压相等时，电压表的读数将为"0"。然后将电路断开，测量此时稳压电源的输出电压，即为被测有源二端网络的开路电压。

三、实验设备

直流稳压电源（12V）一台；可调直流恒流源（0～200mA）一台；直流数字电压表（0～200V）一个；直流数字毫安表（0～2000mA）一个；万用表一个；电阻两个；电位器（1kΩ）一个。

四、实验内容

被测有源二端网络如图 4-21a 所示。

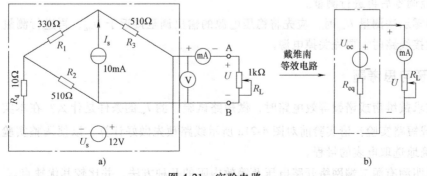

a)

图 4-21　实验电路

1) 用开路电压、短路电流法测定戴维南等效电路的 U_{oc}、R_{eq}。按图 4-21a 接入稳压电源 $U_s = 12V$ 和恒流源 $I_s = 10mA$，不接入 R_L。测出 U_{oc} 和 I_{sc}，并计算出 R_{eq}，实验结果填入表 4-1 中。注：测 U_{oc} 时，不接入毫安表。

表 4-1　实验结果

U_{oc}/V	I_{sc}/mA	$R_{eq} = (U_{oc}/I_{sc})/\Omega$

2) 负载实验。

按图 4-21a 接入 R_L。改变 R_L 阻值，测得源二端网络的电压、电流值，实验数据填入表 4-2 中，请读者自己按照表中的数据画出外特性曲线。

表 4-2　实验数据

U/V							
I/mA							

3) 验证戴维南定理：从电阻箱上取得按步骤"1"所得的等效电阻 R_{eq} 之值，然后令其与直流稳压电源（调到步骤"1"时所测得的开路电压 U_{oc} 之值）相串联，如图 4-21b 所示，仿照步骤"2"测其外特性，实验数据填入表 4-3 中，对戴维南定理进行验证。

表 4-3　实验数据

U/V							
I/mA							

4) 有源二端网络等效电阻（又称入端电阻）的直接测量法。如图 4-21a 所示，将被测有源网络内的所有独立源置零（去掉电流源 I_s 和电压源 U_s，并在原电压源所接的两点之间用一根短路导线相连），然后用伏安法或者直接用万用表的电阻档去测定负载 R_L 开路时 A、B 两点间的电阻，此即为被测网络的等效内阻 R_{eq}，或称网络的入端电阻 R_i。

5) 用半电压法和零示法测量被测网络的等效内阻 R_{eq} 及其开路电压 U_{oc}。

五、实验注意事项

1) 测量时应注意电流表量程的更换。

2) 电压源置零时不可将稳压源短接。

3) 用万用表直接测 R_{eq} 时，网络内的独立源必须先置零，以免损坏万用表。其次，电阻档必须经调零后再进行测量。

4) 用零示法测量 U_{oc} 时，应先将稳压电源的输出调至接近于 U_{oc}，再进行测量。

5) 改接线路时，要先关掉电源。

六、预习思考题

1) 在求戴维南或诺顿等效电路时，做短路试验，测 I_{sc} 的条件是什么？在本实验中可否直接做负载短路实验？请实验前对图 4-21a 所示线路预先做好计算，以便调整实验线路及测量时可准确地选取电表的量程。

2) 说明测有源二端网络开路电压及等效内阻的几种方法，并比较其优缺点。

七、实验报告

1）记录实验中的测量结果。

2）根据步骤 2）、3）、4），绘出曲线，验证戴维南定理的正确性，并分析产生误差的原因。

3）用几种不同方法测得的 U_{oc} 与 R_0 与预习时电路计算的结果做比较，你能得出什么结论？

4）归纳、总结实验结果。

第四节 最大功率传输定理

设有一个二端网络向负载 R_L 输送功率，该网络的戴维南等效电路是确定的，如图 4-22 所示，负载 R_L 从网络所获得的功率应该是

$$P = i^2 R_L = \left(\frac{u_{oc}}{R_{eq}+R_L} \right)^2 R_L = f(R_L) \qquad (4\text{-}4)$$

式（4-4）说明，负载从给定电源中获得的功率取决于负载本身，负载 R_L 发生变化，功率 P 也随之发生变化，而且不难看出

$R_L = 0$ 时，$U_L = 0$，$P = 0$

$R_L = \infty$ 时，$I = 0$，$P = 0$

说明 R_L 由 $0 \to \infty$ 变化时，会出现获得最大功率的工作状态。

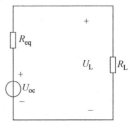

图 4-22 负载获得最大功率示意图

$$-\frac{\mathrm{d}P}{\mathrm{d}R_L} = u_{oc}^2 \frac{R_{eq}-R_L}{(R_{eq}+R_L)^2} = 0$$

解得功率函数的极值点为 $R_L = R_{eq}$。

$$\frac{\mathrm{d}^2 P}{\mathrm{d}R_L^2} \bigg|_{R_L = R_{eq}} = -\frac{u_{oc}^2}{8R_{eq}^3} < 0$$

则 P 取极大值。因为 P 只有一个极值点，而且为极大值，则此时的 P 为最大值。

用戴维南等效电路解得 $P_{max} = \dfrac{u_{oc}^2}{4R_{eq}}$

用诺顿等效电路解得 $P_{max} = \dfrac{i_{sc}^2 R_{eq}}{4}$

最大功率传输定理：由线性单口网络传递给可变负载 R_L 的功率为最大的条件是负载 R_L 与戴维南（或诺顿）等效电阻相等，电路的这种工作状态叫作负载与网络"匹配"。

匹配时电路传输功率的效率为

$$\eta = \frac{I^2 R_L}{I^2(R_L + R_{eq})} = \frac{R_L}{2R_L} = 50\%$$

单口网络和它的等效电路，就其内部功率而言是不等效的，由等效电阻 R_{eq} 算得的功率一般不等于网络内部消耗的功率，因此，实际上当负载得到最大功率时，其功率传递效率未必是 50%。

【例 4-8】 某电源电路的开路电压为 15V，接上 48Ω 电阻时，电流为 0.3A，该电源接上多大负载时处于匹配工作状态？此时负载的功率是多大？若负载电阻为 8Ω，功率为多大？

传输效率是多少?

解: 根据已知条件,结合图 4-22 所示电路,可得

$$U_{oc} = 15V$$

$$R_{eq} + 48\Omega = \frac{15V}{0.3A}$$

解得 $R_{eq} = 2\Omega$

所以电路的匹配条件为 $R_L = 2\Omega$

此时负载的功率为

$$P_{max} = \frac{U_{oc}^2}{4R_{eq}} = \frac{15^2}{4\times2}W = 28.125W$$

当 $R_L = 8\Omega$ 时,功率和传输效率分别为

$$P = \left(\frac{15}{2+8}\right)^2 \times 8W = 18W$$

$$\eta = \frac{18}{15\times\dfrac{15}{2+8}} = 80\%$$

习　题

1. 如图 4-23 所示,试用叠加定理求电压 U。

2. 如图 4-24 所示电路中,由电压源和电流源共同作用,已知 $U_s = 10V$,$I_s = 1A$,$R_1 = 2\Omega$,$R_2 = 3\Omega$,$R = 1\Omega$。试用叠加定理求各支路电流。

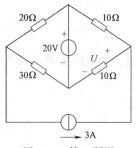

图 4-23　第 1 题图

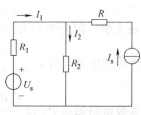

图 4-24　第 2 题图

3. 电路如图 4-25 所示,如果 $I_3 = 1A$,试应用戴维南定理,求图中的电阻 R_3。

4. 如图 4-26 所示电路中,已知 $E = 12V$,$I_s = 1A$,$R_1 = 3\Omega$,$R_2 = 6\Omega$,$R_3 = 2\Omega$,$R_L = 2\Omega$,求流过 R_L 的电流 I。

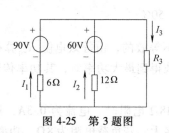

图 4-25　第 3 题图

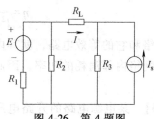

图 4-26　第 4 题图

5. 图 4-27 所示电路中，当 R 取多大时能从电路中获得最大功率？求此最大功率。

6. 将图 4-28 简化为一个电流源 I_s 与电阻 R 并联的最简形式，其中 I_s 和 R 分别为多少？

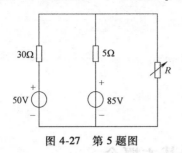

图 4-27 第 5 题图

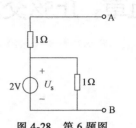

图 4-28 第 6 题图

7. 图 4-29 电路中可变电阻 R 多大时，能获得最大功率？求出最大功率值。

8. 用诺顿定理求图 4-30 所示电路中的电流 I。

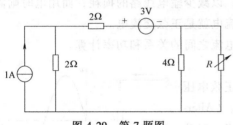

图 4-29 第 7 题图

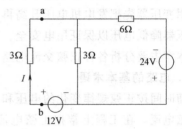

图 4-30 第 8 题图

第五章　正弦交流电路

第一节　正弦量的基本概念

在工农业生产及日常生活中，正弦交流电的应用非常广泛，例如：远距离高压输配电，要利用变压器先把发电机电压升高再进行传送，以减少输电线路的损耗；而用电时则需要利用变压器降低电压以保证用电安全，其中的交流电就是正弦交流电。

本章主要分析各种正弦交流电路中电压与电流之间的关系和功率计算。

1. 电路的基本术语

随时间按正弦规律变化的电压和电流称为正弦电压和正弦电流。在工程上常把正弦电流归为交流（Alternating Current，AC）。在电路分析中把正弦电流、正弦电压统称为正弦量。对正弦量的数学描述，可以采用正弦函数，也可以采用余弦函数。正弦交流电：电压、电流的大小和方向都随时间做正弦规律变化，如图 5-1 所示，正弦电压和电流的表达式为

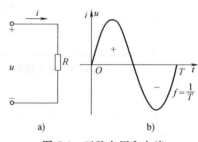

图 5-1　正弦电压和电流

$$\begin{cases} u = U_m \sin(\omega t + \psi_u) \\ i = I_m \sin(\omega t + \psi_i) \end{cases} \tag{5-1}$$

u、i 有方向，表示正负。u、i 为正时，表示此时交流电的参考方向与实际方向相同；u、i 为负时，表示此时交流电的参考方向与实际方向相反。

下面介绍表示正弦量特征（即变化的快慢、大小及相位）的参数，它们分别是频率（周期）、幅值（或有效值）和初相位，这三个物理量也称为正弦三要素。

（1）周期与频率

1）周期 T：正弦量变化一次（周）所需要的时间。单位为秒（s），在实际工程中还会用到频率与角频率，下面也做以说明。

2）频率 f：每秒钟正弦量变化的次数。频率与周期的关系如图 5-2 所示。频率的单位为赫兹（Hz），$1Hz = 1/s$。

3）角频率 ω：每秒钟正弦辐角的变化值，单位为 rad/s。

一周期内，辐角为

$$\omega T = 2\pi \tag{5-2}$$

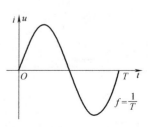

图 5-2　频率与周期的关系

交流电中有 $\omega = 2\pi f = 100\pi = 314 rad/s$。可见，$T$、$f$、$\omega$ 都反映了正弦量变化的快慢程度，只要知道其中之一则其余两个均可

求出。

>>> 想一想：

周期、频率及角频率之间满足何种定量关系？

（2）幅值与有效值

1）瞬时值：正弦量在任一瞬间的值，用小写字母表示为 i、u、e。

2）幅值：瞬时值中的最大值：用下标 m 的大写字母表示为 I_m、U_m、E_m。

3）有效值：正弦量瞬时值的大小和方向不断随着时间而变化，最大值是正弦量瞬间出现的，正弦量的平均值为 $\bar{I}=0$，$\bar{U}=0$，正弦量的大小和功率常用有效值来表示，用大写字母表示为 I、U、E。

有效值是从电流的热效应推导和定义的，在相等时间里，如果交流电 i 与某一强度直流电 I 通过同一电阻 R 所产生的热量相等，那么这一交流电的有效值就等于这个直流电流 I。

在图 5-1 所示交流与直流电路中，设交流电 $i=I_m\sin\omega t$，则直流电在一个周期 T 所产生的热量为 $Q=I^2RT$；交流电在一个周期 T 所产生的热量为 $Q_i=\int_0^T i^2Rdt$，按有效值的定义得 $Q_i=\int_0^T i^2Rdt=I^2RT$。

有效值的计算公式为

$$I=\sqrt{\frac{1}{T}\int_0^T i^2dt} \tag{5-3}$$

同理，得

$$U=\sqrt{\frac{1}{T}\int_0^T u^2dt} \tag{5-4}$$

同理，i 的平方在一个周期内积分的平均值再求平方根，适用于周期性变化量求有效值。

若 $i=I_m\sin\omega t$，则

$$I=\sqrt{\frac{1}{T}\int_0^T I_m^2\sin^2\omega tdt}=\sqrt{\frac{I_m^2}{T}\int_0^T \sin^2\omega tdt}=\sqrt{\frac{I_m^2}{T}\int_0^T \frac{1-\cos2\omega t}{2}dt}=\sqrt{\frac{I_m^2}{T}\frac{T}{2}}=\frac{I_m}{\sqrt{2}}$$

正弦交流电有效值为

$$I=\frac{I_m}{\sqrt{2}}, \quad U=\frac{U_m}{\sqrt{2}}, \quad E=\frac{E_m}{\sqrt{2}} \tag{5-5}$$

在电子技术中所说的交流电及仪表测量值均为有效值，如：市电电压 220V/380V，电气铭牌标出的额定电压、电流，交流电压、电流表的读数等均指有效值。

（3）初相位

$$\begin{cases} i_1=I_m\sin\omega t \\ i_2=I_m\sin(\omega t+\psi) \end{cases}$$

其波形如图 5-3 所示，这两个正弦量幅值、频率相同，但所取的计时起点不同。i_1 的初始值为 0，i_2 的初始值为 $I_m\sin\psi$，两个正弦量的步调不一致。

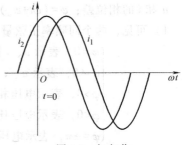

图 5-3 初相位

1）相位：正弦量的辐角 ωt 和 $\omega t+\psi$，称为相位或相位角，它反映正弦量随时间变化的进程，一周期相位角变化为 2π。

2）初相位：$t=0$ 时的相位，i_1 的初相位为 0，i_2 的初相位为 ψ，即 $i_1(0)=0$，$i_2(0)=I_m\sin\psi$，因此，初相位决定了正弦量的初始值，单位为 rad，取值范围为 $[-\pi\sim\pi]$。

【例 5-1】　如图 5-4 所示，读出两个波形的初相位。

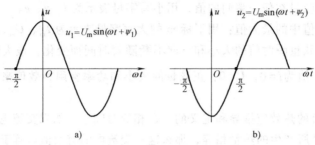

图 5-4　波形的初相位

解：1）方法 1：从波形上直接看出。

此处引入一个概念——正值零点，即下一时刻为正值的零点。图 5-4a 中，正值零点在左边，初相位为正；图 5-4b 中，正值零点在右边，初相位为负。

图 5-4a 中，对于正值零点有 $\omega t_1+\psi_1=0$，由 $\omega t_1=-\dfrac{\pi}{2}$，得 $\psi_1=\dfrac{\pi}{2}$。

图 5-4b 中，对于正值零点有 $\omega t_2+\psi_2=0$，由 $\omega t_2=\dfrac{\pi}{2}$，得 $\psi_2=-\dfrac{\pi}{2}$。

2）方法 2：通过初始值，求出初相位。

$$\begin{cases} u_1(t=0)=U_m\sin\psi_1=U_m \\ u_2(t=0)=U_m\sin\psi_2=-U_m \end{cases} \Rightarrow \begin{cases} \sin\psi_1=1 \\ \sin\psi_2=-1 \end{cases} \Rightarrow \begin{cases} \psi_1=\dfrac{\pi}{2} \\ \psi_2=-\dfrac{\pi}{2} \end{cases}$$

2. 相位差

两个同频率正弦量的相位之差称为相位差。

$$\begin{cases} u=U_m\sin(\omega t+\psi_u) \\ i=I_m\sin(\omega t+\psi_i) \end{cases}$$

u 和 i 的相位差：$\varphi=(\omega t+\psi_u)-(\omega t+\psi_i)=\psi_u-\psi_i$

1）可见，两个同频率正弦量相位差恒定，等于初相位之差。

$$\begin{cases} \varphi=0，\text{表示 } u、i \text{ 同步，即它们可同时达到最大值或零。} \\ \varphi\neq0，\text{表示 } u、i \text{ 不同步，不能同时达到零或最大值。} \\ \varphi>0，\text{表示电压相位比电流超前 } \varphi，\text{即 } u \text{ 先达到正的最大值。} \\ \varphi<0，\text{表示电压比电流滞后 } \varphi，\text{或电流超前电压 } \varphi。 \\ \varphi=\pm\pi，\text{表示电压与电流反相。} \end{cases}$$

2）规定：$|\varphi|\leqslant\pi$

3）如：$\varphi = \dfrac{3}{4}\pi - \left(-\dfrac{\pi}{2}\right) = \dfrac{5}{4}\pi$

由于规定 $|\varphi| \le \pi$，我们不能直接得出 u 比 i 超前 $\dfrac{5}{4}\pi$ 的结论。应做处理：$\varphi = \dfrac{5}{4}\pi - 2\pi = -\dfrac{3}{4}\pi$，故 u 滞后 i $\dfrac{3}{4}\pi$，或 i 超前 u $\dfrac{3}{4}\pi$。

关于超前、滞后问题，下节讨论正弦量的相量法后就会明确。

第二节　正弦量的相量表示法

一个正弦量具有幅值、频率和相位三要素，这些要素可以用各种方法表示。常用的有以下几种：

1）三角函数 $u = U_m \sin(\omega t + \Psi)$。

2）波形图。

3）相量 $\left\{\begin{array}{l}\text{相量图} \\ \text{复数式}\left\{\begin{array}{l}\text{三角函数式} \\ \text{代数式} \\ \text{极坐标式} \\ \text{指数式}\end{array}\right.\end{array}\right.$

用相量表示正弦量，将会使对于正弦量的分析大为简化。

1. 相量图

设一个正弦量 $u = U_m \sin(\omega t + \Psi)$，任何一个正弦量都可用一个旋转的有向线段来表示。如图 5-5 的波形图，右边为一旋转的有向线段 A。

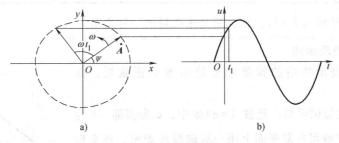

图 5-5　相量图画法

有向线段的长度为 U_m（幅值），以角速度 ω 逆时针旋转，初始角度为 φ，它在 y 轴上的投影为 $t = 0$，$u = U_m \sin\Psi$；$t = t_1$，$u = U_m \sin(\omega t_1 + \Psi)$，它的旋转描出了正弦波形，因此它在 y 轴的投影是正弦量的瞬时表达式。可见，一个旋转的有向线段表示了正弦量的三要素及瞬时值。

把长度等于 U_m、与实轴夹角为初相位角 Ψ 的有向线段称为幅值的相量图；长度等于 U、与实轴夹角为初相位角 Ψ 的有向线段称为有效值的相量图。相量图用符号 $\dot{I} = \dot{I}_1 + \dot{I}_2$ 表示。

那么，用相量表示正弦交流量有什么意义呢？

注意：

1）相量求和：$\dot{I} = \dot{I}_1 + \dot{I}_2$，在相量图中可按矢量合成法求合矢量，但是 $I_m \neq I_{1m} + I_{2m}$，$I \neq I_1 + I_2$。

2）相量图：长度为幅值（或有效值），与实轴夹角为初相位角 Ψ 的有向线段（矢量）。可以省去 x、y，只画一条参考线，表示角度为 0，如图 5-6a 所示。

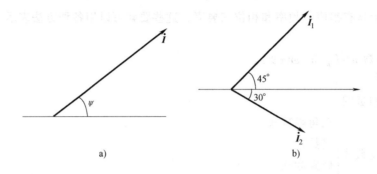

图 5-6 相量图

3）作相量图时，应注意到初相位角的正负。

如 $i_1 = I_{1m}\sin(\omega t + 45°)$，$i_2 = I_{2m}\sin(\omega t - 30°)$，如图 5-6b 所示。

4）只有正弦量才能用相量表示，只有同频率的正弦量才能画在同一个相量图上。

5）相量 $\neq$ 正弦量（$\dot{I} \neq i$），相量只是正弦量的一种表示方法。

2. 相量的复数表示法

相量的复数表示法指的就是用复数来表示正弦量，如图 5-7 所示。

由复数的有关知识可知：复数 $A = a + jb$ 中，a 为实部，b 为虚部，$j = \sqrt{-1}$，复数可在复平面上用一有向线段表示，在实轴的投影为 a，在虚轴的投影为 b。而正弦量可用一有向线段表示，因此，正弦量可用复数表示。复数的模 r 为正弦量有效值或幅值，复数的辐角为正弦量的初相位。

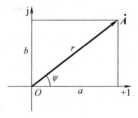

图 5-7 相量的复数表示

根据复数知识，有三种表示形式：

（1）　　　　$A = a + jb = r\cos\Psi + jr\sin\Psi = r(\cos\Psi + j\sin\Psi)$（代数式）　　　　　　（5-6）

（2）　　　　　　　　　　　$A = re^{j\Psi}$（指数式）　　　　　　　　　　　　　（5-7）

上式利用了欧拉公式

$$\cos \boldsymbol{\Psi}=\frac{e^{j\boldsymbol{\Psi}}+e^{-j\boldsymbol{\Psi}}}{2}\text{和 }\sin \boldsymbol{\Psi}=\frac{e^{j\boldsymbol{\Psi}}-e^{-j\boldsymbol{\Psi}}}{2}$$

（3）
$$\boldsymbol{A}=r\angle \boldsymbol{\Psi}（极坐标式） \tag{5-8}$$

式中，r 为幅值或有效值；$\boldsymbol{\Psi}$ 为正弦量的初相位。

如：正弦电压 $u=U_{m}\sin(\omega t+\boldsymbol{\Psi})$ 的相量式为 $\dot{U}=U(\cos \boldsymbol{\Psi}+j\sin \boldsymbol{\Psi})=Ue^{j\boldsymbol{\Psi}}=U\angle \boldsymbol{\Psi}$

以上三种表示形式可以互相等效，又可以互相转换（每一种都表示了幅值和初相位）。正弦量用复数表示只具有两个特征，即大小和相位，而频率不必考虑。这是由于分析线性电路时，正弦电路各部分的电压、电流为同频率的正弦量，频率是已知或给定的。

运算时，相量的加、减化为代数形式，乘、除化为极坐标或指数形式计算比较简便。

$j=\sqrt{-1}$，$j^{2}=-1$，j 称为 $90°$ 旋转因子，$a=r\cos \boldsymbol{\Psi}$，$b=r\sin \boldsymbol{\Psi}$

$r=\sqrt{a^{2}+b^{2}}$，$\tan \boldsymbol{\Psi}=\dfrac{b}{a}$

$e^{j90°}=j$，$e^{-j90°}=-j$

$e^{j\boldsymbol{\Psi}}=\cos \boldsymbol{\Psi}+j\sin \boldsymbol{\Psi}$

【例 5-2】 如图 5-6 所示电路，设 $i_{1}=I_{1m}\sin(\omega t+\boldsymbol{\Psi}_{1})=100\sin(\omega t+45°)$ A，$i_{2}=I_{2m}\sin(\omega t+\boldsymbol{\Psi}_{2})=60\sin(\omega t-30°)$ A，求 i。

解： 1）用相量图求解。

$$I_{m}=\sqrt{I_{1m}^{2}+I_{2m}^{2}+2I_{1m}I_{2m}\cos[45°-(-30°)]}$$
$$=\sqrt{100^{2}+60^{2}+2\times100\times60\times\cos75°}\text{ A}$$
$$=129.3\text{A}$$

$$\boldsymbol{\Psi}=\arctan \frac{I_{1m}\sin45°+I_{2m}\sin(-30°)}{I_{1m}\cos45°+I_{2m}\cos(-30°)}$$
$$=18.35°$$
$$\text{则 } i=129.3\sin(\omega t+18.35°)\text{ A}$$

2）用复数式求解。

$$\dot{I}_{m}=\dot{I}_{1m}+\dot{I}_{2m}$$
$$=(100\angle45°+60\angle -30°)\text{ A}$$
$$=100(\cos45°+j\sin45°)\text{ A}+60[\cos(-30°)+j\sin(-30°)]\text{ A}$$
$$=(122.7+j40.7)\text{ A}$$
$$=129.3\angle18.35°\text{A}$$

则
$$i=129.3\sin(\omega t+18.35°)\text{ A}$$

小结：

1）正弦量的三种表示方法：三角函数、波形图、相量。

在进行交流电路的分析计算时，都用相量式运算。对正弦交流电路的分析方法：相量图法和相量式法。

2）符号：

① 瞬时值：i、u、e。

② 幅值：I_m、U_m、E_m。

③ 有效值：I、U、E。

④ 幅值相量：$\dot{I}_m$、$\dot{U}_m$、$\dot{E}_m$。

⑤ 有效值相量：$\dot{I}$、$\dot{U}$、$\dot{E}$。

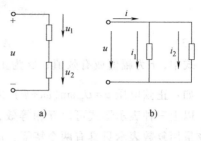

如图 5-8 中，$\begin{cases} u = u_1 + u_2 \\ \dot{U} = \dot{U}_1 + \dot{U}_2 \\ U \neq U_1 + U_2 \end{cases} \begin{cases} i = i_1 + i_2 \\ \dot{I} = \dot{I}_1 + \dot{I}_2 \\ I \neq I_1 + I_2 \end{cases}$，可见，对

图 5-8　小结图

于有效值，KCL 和 KVL 不成立。

第三节　电阻元件的伏安特性的相量形式

一、电压和电流的关系

取 u、i 的参考方向相同，如图 5-9 所示，即 $u = iR$，

设 $\qquad i = I_m \sin\omega t, u = Ri = RI_m \sin\omega t = U_m \sin\omega t$ $\qquad$ (5-9)

因此：1）电阻元件的交流电路中，电压和电流是同相的。

2）电压的幅值（或有效值）与电流的幅值（或有效值）之比值，就是电阻 R，即

$$\frac{U_m}{I_m} = \frac{U}{I} = R \qquad (5-10)$$

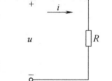

图 5-9　电阻电路

3）$\qquad \dot{U} = Ue^{j0°}, \dot{I} = Ie^{j0°} \Rightarrow \frac{\dot{U}}{\dot{I}} = \frac{U}{I} = R \Rightarrow \dot{U} = \dot{I}R \qquad (5-11)$

二、功率

1. 瞬时功率

仍取 u、i 的参考方向相同，如图 5-9 所示，设 $i = I_m \sin\omega t$，u、i 的表达式如式（5-9）所示，则

$$p_R = ui = U_m \sin\omega t \cdot I_m \sin\omega t = U_m I_m \sin^2 \omega t$$

$$= \frac{U_m I_m}{2}(1 - \cos 2\omega t)$$

$$= UI(1 - \cos 2\omega t) \qquad (5-12)$$

电阻的电压和电流同相，u、i 同时为正、同时为负，故 $p_R > 0$ 恒成立。说明电阻元件从电源取用能量，转换为热能（即电阻是耗能元件）。电压、电流及瞬时功率的波形如图 5-10 所示。

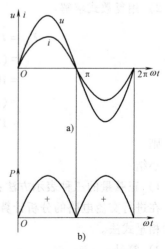

图 5-10　瞬时功率

2. 平均功率 P

平均功率即一周期内消耗电能的平均值。

$$P = \frac{\int_0^T p\,\mathrm{d}t}{T} = \frac{\int_0^T UI(1 - \cos2\omega t)\,\mathrm{d}t}{T} = UI$$

$$P = UI = I^2R = \frac{U^2}{R}（用有效值的乘积） \tag{5-13}$$

第四节　电感元件的伏安特性的相量形式

电感元件也是一种理想元件。当电流通过电感元件时，在它周围要产生磁场，并把电能转化为磁场储存起来。

一、电压和电流的关系

电感线圈在单位电流下产生的自感磁链定义为线圈的自感系数，或称为电感 L。在国际单位制中，L 的单位为亨［利］(H)。

电感线圈中通过交流 i（见图 5-11）时，其中会产生自感电动势 e_L。规定：u、e_L 与 i 参考方向一致。

由于 $u = -e_L = L\dfrac{\mathrm{d}i}{\mathrm{d}t}$，令 $i = I_m\sin\omega t$，则

$$u_L = L\frac{\mathrm{d}(I_m\sin\omega t)}{\mathrm{d}t} = \omega L I_m\cos\omega t = \omega L I_m\sin(\omega t + 90°) = U_m\sin(\omega t + 90°) \tag{5-14}$$

因此：1）在电感元件电路中，电压相位比电流超前 90°（或者说电流滞后电压 90°）。

2）幅值：$U_m = \omega L I_m$ 或 $\dfrac{U_m}{I_m} = \dfrac{U}{I} = \omega L$。

ωL 单位为欧姆（Ω），ωL 越大，电流越小，对交流电流起阻碍作用。

引入感抗：$X_L = \omega L = 2\pi f L$，感抗表示了电感对电流阻碍能力的大小。电感的性质为通直流、阻交流。

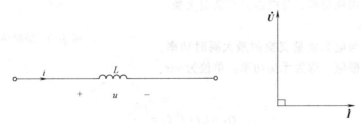

图 5-11　电感电路及电压电流相量图

注意：$\dfrac{U_m}{I_m} = \dfrac{U}{I} = X_L \neq \dfrac{u}{i}$

3）用相量表示电感的电压和电流关系为

$$\dot{U} = U\mathrm{e}^{\mathrm{j}90°},\ \dot{I} = I\mathrm{e}^{\mathrm{j}0°},\ \frac{\dot{U}}{\dot{I}} = \frac{U\mathrm{e}^{\mathrm{j}90°}}{I\mathrm{e}^{\mathrm{j}0°}} = X_L\mathrm{e}^{\mathrm{j}90°} = \mathrm{j}X_L$$

则 $\dot{U} = jX_L\dot{I} = j\omega L\dot{I}$，则 $\dot{U} = \dot{I}Z_L$。 $\qquad(5\text{-}15)$

引入电感的复阻抗：

$$Z_L = \frac{\dot{U}}{\dot{I}} = jX_L = j\omega L \qquad(5\text{-}16)$$

复阻抗的大小为 X_L，称为模，表示 U 与 I 的大小关系；辐角为 $90°$，表示 u 与 i 的相位关系。

二、功率

1. 瞬时功率

$$\begin{aligned}
p_L = ui &= U_m I_m \sin\omega t\sin(\omega t + 90°) \\
&= U_m I_m \sin\omega t\cos\omega t = \frac{U_m I_m}{2}\sin2\omega t \\
&= UI\sin2\omega t
\end{aligned} \qquad(5\text{-}17)$$

可见，p_L 是一个幅值为 UI，并以 2ω 的角频率随时间而变化的交变量，在一个周期内，电感的瞬时功率时正、时负，如图 5-12 所示。当 p_L 为正时，电感从电源取用电能；当 p_L 为负时，电感把电能归还电源。在 $0\sim T/4$，$T/2\sim 3T/4$ 内，电流 i 增大，线圈磁能增大，取用电源能量；在 $T/4\sim T/2$，$3T/4\sim T$ 内，电流减小，线圈磁场减小，释放出磁场能量归还给电源。

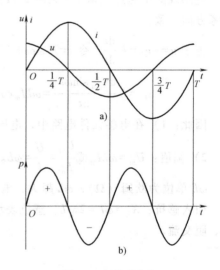

图 5-12　瞬时功率

2. 平均功率

$$P = \frac{1}{T}\int_0^T p\,\mathrm{d}t = \frac{1}{T}\int_0^T UI\sin2\omega t\,\mathrm{d}t = 0 \quad(5\text{-}18)$$

电感元件不消耗功率，与电源只有能量交换。

3. 无功功率

定义：电感与电源能量交换的最大瞬时功率，等于瞬时功率的幅值，称为无功功率。单位为 var、kvar。

$$Q_L = UI = I^2X_L = \frac{U^2}{X_L} \qquad(5\text{-}19)$$

【例 5-3】　把一个 0.1H 的电感元件接到频率为 50Hz、电压有效值为 10V 的正弦电源上，问电流是多少？如保持电压值不变，而电源频率改变为 5000Hz，这时电流将为多少？

解：当 $f = 50\mathrm{Hz}$ 时

$$X_L = 2\pi fL = 2\times3.14\times50\times0.1\,\Omega = 31.4\,\Omega$$

$$I = \frac{U}{X_L} = \frac{10}{31.4}\mathrm{A} = 0.318\mathrm{A} = 318\mathrm{mA}$$

当 $f = 5000\mathrm{Hz}$ 时

$$X_L = 2\pi fL = 2 \times 3.14 \times 5000 \times 0.1\Omega = 3140\Omega$$

$$I = \frac{U}{X_L} = \frac{10}{3140}A = 318 \times 10^{-3}A = 3.18\text{mA}$$

可见，<u>频率越高，电感元件通过的电流越小</u>。

【例 5-4】 指出下列各式哪些是对的，哪些是错的？

(1) $\dfrac{u}{i} = X_L$ (2) $\dfrac{U}{I} = j\omega L$ (3) $\dfrac{\dot{U}}{\dot{I}} = X_L$

(4) $u = L\dfrac{\mathrm{d}i}{\mathrm{d}t}$ (5) $\dot{I} = -j\dfrac{\dot{U}}{\omega L}$ (6) $\dot{I} = \dfrac{\dot{U}}{j\omega L}$

解：(4)、(6) 正确，其余错误。

第五节 电容元件的伏安特性的相量形式

电容元件通常是由具有一定间隙、中间充满介质（如空气、蜡纸、云母片、涤纶薄膜、陶瓷等）的两块金属极板构成，是一个储存电荷和电场能的理想元件。

一、电压和电流关系

把单位电压下聚集的电荷量定义为电容器的电容量，简称为电容 C，即 $C = \left(\dfrac{\mathrm{d}u}{\mathrm{d}t}\right)$。在国际单位制中，$C$ 的基本单位是法［拉］(F)，常用的还有微法 (μF) 和皮法 (pF)。

取 u、i 参考方向一致，如图 5-13 所示，由于 $i = \dfrac{\mathrm{d}q}{\mathrm{d}t} = C\dfrac{\mathrm{d}u}{\mathrm{d}t}$，令 $u = U_m\sin\omega t$，则

$$i = C\frac{\mathrm{d}(U_m\sin\omega t)}{\mathrm{d}t} = \omega C U_m\cos\omega t = \omega C U_m\sin(\omega t + 90°)$$

$$= I_m\sin(\omega t + 90°) \qquad (5\text{-}20)$$

因此：

1) 电容两端的电流超前电压 90° 相位（或者说电压滞后电流 90°）。

2) 幅值：

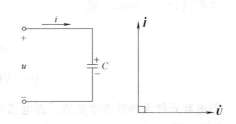

图 5-13 电容电路及电压—电流相量图

$$I_m = \omega C U_m \text{ 或} \frac{U_m}{I_m} = \frac{U}{I} = \frac{1}{\omega C} \qquad (5\text{-}21)$$

引入容抗：
$$X_C = \frac{1}{\omega C} \qquad (5\text{-}22)$$

容抗单位为 Ω，当电压一定时，X_C 越大，电流越小，可见它具有对电流起阻碍作用的物理性质，称为容抗。<u>电容具有隔直、通交流的性质</u>。

3) 用相量表示电容的电压和电流关系得

$$\dot{U} = U\mathrm{e}^{\mathrm{j}0°} \qquad \dot{I} = I\mathrm{e}^{\mathrm{j}90°}$$

$$\frac{\dot{U}}{\dot{I}} = \frac{Ue^{j0°}}{Ie^{j90°}} = X_C e^{-j90°} = -jX_C$$

$$\Rightarrow \dot{U} = -jX_C \dot{I} = \dot{I} Z_C \qquad (5-23)$$

引入电容的复阻抗：

$$Z_C = \frac{\dot{U}}{\dot{I}} = -jX_C = -j\frac{1}{\omega C} \qquad (5-24)$$

二、功率

1. 瞬时功率

$$p = ui = U_m I_m \sin\omega t \sin(\omega t + 90°) = U_m I_m \sin\omega t \cos\omega t = \frac{U_m I_m}{2}\sin2\omega t$$

$$= UI\sin2\omega t \qquad (5-25)$$

可见，p 是一个幅值为 UI，并以 2ω 的角频率随时间而变化的交变量，在一个周期内，电容的瞬时功率时正、时负，电容元件与电源之间不停地交换能量，在一个周期内电容元件从电源取用的能量等于它送还给电源的能量，电容不是耗能元件。

2. 平均功率（有功功率）P

$$P = \frac{1}{T}\int_0^T p\mathrm{d}t = \frac{1}{T}\int_0^T UI\sin2\omega t\mathrm{d}t = 0 \qquad (5-26)$$

电容元件不消耗功率，与电源只有能量交换。

3. 无功功率 Q

无功功率表示了储能元件与电源间交换电能的最大瞬时功率，为了与电感元件电路相比较，也假设 $i = I_m = \sin\omega t$，则

$$u = U_m \sin(\omega t - 90°)$$

$$p = ui = -UI\sin2\omega t$$

$$Q = -UI = -I^2 X_C = -\frac{U^2}{X_C} \qquad (5-27)$$

即电容元件无功功率取负值，而电感无功功率取正值，以示区别。

【例 5-5】 把一个 $25\mu F$ 的电容元件接到频率为 50Hz、电压有效值为 10V 的正弦交流电源上，问电流是多少？如保持电压值不变，而电源频率改为 5000Hz，这时电流将为多少？

解：当 $f = 50$Hz 时，$X_C = \dfrac{1}{2\pi f C} = \dfrac{1}{2\times3.14\times50\times(25\times10^{-6})}\Omega \approx 127.4\Omega$

$$I = \frac{U}{X_C} = \frac{10}{127.4}\mathrm{A} \approx 0.078\mathrm{A} = 78\mathrm{mA}$$

当 $f = 5000$Hz 时，$X_C = \dfrac{1}{2\pi f C} = \dfrac{1}{2\times3.14\times5000\times(25\times10^{-6})}\Omega \approx 1.274\Omega$

$$I = \frac{U}{X_C} = \frac{10}{1.274}\mathrm{A} \approx 7.8\mathrm{A}$$

小结：

本节小结见表5-1。

表 5-1　第五节小结

电路参数		R	L	C
u、i 关系式	瞬时值	$u=iR$	$u_L=L\dfrac{di}{dt}$	$i_C=C\dfrac{du}{dt}$
	u、i 相位	u、i 同相	u 超前 $i90°$	u 滞后 $i90°$
	有效值	$U=IR$	$U=IX_L$	$U=IX_C$
	相量式	$\dot{U}=\dot{I}R$	$\dot{U}=jX_L\dot{I}$	$\dot{U}=-jX_C\dot{I}$
	复阻抗	$Z_R=R$	$Z_L=jX_L=j\omega L$	$Z_C=-jX_C=-j\dfrac{1}{\omega C}$
功率	p	$p=ui>0$	$p_L=u_Li$，时正时负	$p_C=u_Ci$，时正时负
	P	$P_R=UI=I^2R$	$P_L=0$	$P_C=0$
	Q	$Q_R=0$	$Q_L=U_LI=I^2X_L$	$Q_C=-U_CI=-I^2X_C$

实验六　示波器的使用及正弦信号的观察与测量

一、实验目的

1）掌握示波器的工作原理及使用方法。

2）完成正弦信号的观察与测量，进一步掌握正弦信号的三要素。

二、实验原理

测量正弦信号电压与周期。

测量原理如下：$U_{pp}=Y×$偏转因数

$T=X×$时基因数

调好信号发生器的输出信号，选择示波器 CH1 通道合适的偏转因数，并选择合适的扫描速率值，使屏上刻度范围内出现完整波形，将实验数据记录入表 5-2 中。

表 5-2　实验数据表格（一）

信号发生器		示　波　器			
频率/Hz	电压/V	偏转因数 /（V/格）	Y（格）	扫描速度 /（s/格）	X（格）

三、实验设备与器件

示波器、函数信号发生器各 1 台，同轴电缆若干。

四、实验内容

按照示波器的使用说明书进行接线，然后打开信号发生器电源开关，将其输出接 CH1，调节信号发生器的输出频率和电压，调节示波器 CH1 通道的偏转因数、扫描速率、电平等，使示波器显示稳定的波形。观察并画出示波器上的波形。

五、实验报告

1）实验数据的记录。将相关数据记入表 5-3 中。

表 5-3　实验数据表格（二）

2）进一步巩固示波器的使用方法，掌握正弦信号的三要素。

3）请读者自行得出结论。

第六节　*RLC* 串联电路及复阻抗

分析含有三种参数的交流电路具有实际意义，许多实际电路都是由两个或三个参数的元件组成的。例如：电动机、继电器等设备都含有线圈和电阻，可以等效成为一个电感和电阻的串联；电子设备的放大器、信号源等电路都含有电阻、电容等元件。

一、*RLC* 串联电路的电压和电流关系

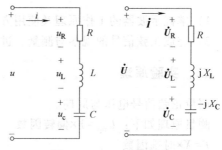

图 5-14　*RLC* 串联电路

如图 5-14 所示 *RLC* 串联电路，各电压与电流参考方向取相同。

根据 KVL 定律得

$$u = u_{\mathrm{R}} + u_{\mathrm{L}} + u_{\mathrm{C}} = Ri + L\frac{\mathrm{d}i}{\mathrm{d}t} + \frac{1}{C}\int i\mathrm{d}t \quad (5\text{-}28)$$

对于正弦电路的分析，一般用相量表示正弦量，求解最方便。

1. 复数法

由 KVL 定律，对于 *RLC* 串联电路，可得

$$\dot{U} = \dot{U}_{\mathrm{R}} + \dot{U}_{\mathrm{L}} + \dot{U}_{\mathrm{C}}$$

由于 $\dot{U}_{\mathrm{R}} = \dot{I}R$，$\dot{U}_{\mathrm{L}} = \dot{I}Z_{\mathrm{L}} = \mathrm{j}X_{\mathrm{L}}\dot{I}$，$\dot{U}_{\mathrm{C}} = -\mathrm{j}X_{\mathrm{C}}\dot{I}$，得

$$\dot{U} = \dot{U}_{\mathrm{R}} + \dot{U}_{\mathrm{L}} + \dot{U}_{\mathrm{C}} = \dot{I}\left[R + \mathrm{j}(X_{\mathrm{L}} - X_{\mathrm{C}})\right] \quad (5\text{-}29)$$

$\dfrac{\dot{U}}{\dot{I}} = R + \mathrm{j}(X_{\mathrm{L}} - X_{\mathrm{C}})$，称为电路的复阻抗，等于各元件阻抗之和，用 Z 表示。

则 $\dot{U} = \dot{I}Z$

$$Z = R + \mathrm{j}(X_{\mathrm{L}} - X_{\mathrm{C}}) = |Z|\mathrm{e}^{\mathrm{j}\varphi} \quad (5\text{-}30)$$

其中，$Z = \sqrt{R^2 + (X_{\mathrm{L}} - X_{\mathrm{C}})^2}$，$\varphi = \arctan\dfrac{X_{\mathrm{L}} - X_{\mathrm{C}}}{R}$

① 阻抗的实部为"阻"，虚部为"抗"，它表示了 $\dot{U}$、$\dot{I}$ 的关系：$\dot{U}=\dot{I}Z$。

② 阻抗的模 $|Z|$，表示了电压和电流的大小关系：$U=I\,|Z|$；阻抗的辐角 φ（简称阻抗角），表示了电压、电流的相位差，如图 5-15 所示。

③ 阻抗是一个复数，不是正弦量，所以它不是相量，符号上面不要打"·"。

2. 相量图法

取电流相量为参考线，作出各部分电压的相量图，如图 5-16 所示。

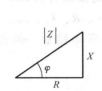

图 5-15　复数表示

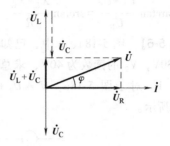

图 5-16　相量图法

1）合电压 $\dot{U}$。

$$U=\sqrt{U_{\mathrm{R}}^2+(U_{\mathrm{L}}-U_{\mathrm{C}})^2}=I\sqrt{R^2+(X_{\mathrm{L}}-X_{\mathrm{C}})^2} \tag{5-31}$$

2）$U=I\,|Z|$。

阻抗模：$|Z|=\sqrt{R^2+(X_{\mathrm{L}}-X_{\mathrm{C}})^2}$。

3）电压三角形和阻抗三角形。

$\dot{U}$、$\dot{U}_{\mathrm{R}}$、$\dot{U}_{\mathrm{L}}$、$\dot{U}_{\mathrm{C}}$ 的关系及 $|Z|$、R、X_{L}、X_{C} 的关系均可用一个直角三角形表示，分别称为电压三角形和阻抗三角形，这两个三角形是相似三角形，如图 5-17 所示。

因为 $\tan\varphi=\dfrac{U_{\mathrm{L}}-U_{\mathrm{C}}}{U_{\mathrm{R}}}=\dfrac{X_{\mathrm{L}}-X_{\mathrm{C}}}{R}$，所以 u、i 的相位差为

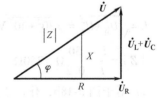

图 5-17　电压三角形
和阻抗三角形

$$\varphi=\arctan\frac{U_{\mathrm{L}}-U_{\mathrm{C}}}{U_{\mathrm{R}}}=\arctan\frac{X_{\mathrm{L}}-X_{\mathrm{C}}}{R}$$

① 当 $X_{\mathrm{L}}>X_{\mathrm{C}}$ 时，$\varphi>0$，u 超前 i，是电感性电路；

② 当 $X_{\mathrm{L}}<X_{\mathrm{C}}$ 时，$\varphi<0$，u 滞后 i，是电容性电路；

③ 当 $X_{\mathrm{L}}=X_{\mathrm{C}}$ 时，$\varphi=0$，u，i 同相，是电阻性电路。

注意：

在分析与计算交流电路的时候，必须时刻具有交流的概念，要有相位的概念。由于不同参数 U_{R}、U_{L}、U_{C} 相位不同步，所以 $U\neq U_{\mathrm{R}}+U_{\mathrm{L}}+U_{\mathrm{C}}$，而应该是 $\dot{U}=\dot{U}_{\mathrm{R}}+\dot{U}_{\mathrm{L}}+\dot{U}_{\mathrm{C}}$。

小结：

1）复数法：

$\dot{U}=\dot{U}_{\mathrm{R}}+\dot{U}_{\mathrm{L}}+\dot{U}_{\mathrm{C}}$，$\dot{U}=\dot{I}Z$，注：$Z\neq R+X_{\mathrm{L}}+X_{\mathrm{C}}$。

$$Z = R + j(X_L - X_C) = |Z|e^{j\varphi}, \quad |Z| = \sqrt{R^2 + (X_L - X_C)^2}, \quad \varphi = \arctan\frac{X_L - X_C}{R}。$$

2）相量图法：采用相量图画法时，注意相位关系。

$$U = \sqrt{U_R^2 + (U_L - U_C)^2} = I|Z|, \quad I = \frac{U}{|Z|}, \quad 注：i \neq \frac{u}{|Z|}, \quad U \neq U_R + U_L + U_C。$$

$$|Z| = \sqrt{R^2 + (X_L - X_C)^2}, \quad 注：|Z| \neq R + X_L + X_C。$$

$$\varphi = \arctan\frac{U_L - U_C}{U_R} = \arctan\frac{X_L - X_C}{R}。$$

【例 5-6】 图 5-18a、b 中，已知各电表读数：电流表 A 的读数为 0.2A，电压表 V_1 的读数为 30V，V_2 的读数为 40V，求总电压的有效值，以及 $|Z|$、R、X_L、X_C。

解：1）对于图 5-18a，$U \neq U_1 + U_2$（因相位不同），串联电路后，画出相量图，如图 5-19a 所示。

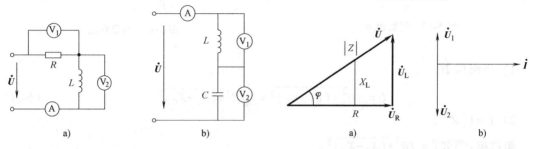

图 5-18　例 5-6 图　　　　　　　　　图 5-19　例 5-6 相量图

$$U = \sqrt{U_R^2 + U_L^2} = \sqrt{30^2 + 40^2}\text{V} = 50\text{V}$$

$$|Z| = \frac{U}{I} = \frac{50}{0.2}\Omega = 250\Omega, \quad R = \frac{U_1}{I} = 150\Omega, \quad X_L = \frac{U_2}{I} = 200\Omega$$

2）对于图 5-18b，作出 L、C 电路的相量图如图 5-19b 所示。

$$U = U_2 - U_1 = 40\Omega - 30\Omega = 10\Omega$$

$$|Z| = \frac{U}{I} = \frac{50}{0.2}\Omega = 250\Omega, \quad X_L = \frac{U_1}{I} = 150\Omega, \quad X_C = \frac{U_2}{I} = 200\Omega$$

此外，也可用复数计数，令 $\dot{I} = 0.2\angle 0°\text{A}$。

二、功率计算

1. 瞬时功率

令 $i = I_m\sin\omega t$，$u = U_m\sin(\omega t + \varphi)$，$\varphi$ 为 u、i 的相位差。

$$p = ui = U_m\sin(\omega t + \varphi)I_m\sin\omega t$$

$$= \frac{U_m I_m}{2}[\cos\varphi - \cos(2\omega t + \varphi)]$$

$$= UI\cos\varphi - UI\cos(2\omega t + \varphi) \tag{5-32}$$

式中，$UI\cos\varphi$ 是恒定分量；$UI\cos(2\omega t + \varphi)$ 是周期性变化的分量。

2. 有功功率（即平均功率）和功率因数

$$P = \frac{1}{T}\int_0^T p\mathrm{d}t = \frac{1}{T}\int_0^T \left[\, UI\cos\varphi - UI\cos(2\omega t + \varphi)\,\right]\mathrm{d}t$$

$$= UI\cos\varphi \tag{5-33}$$

对于 RLC 串联电路，由电压三角形可知

$$P = UI\cos\varphi = U_\mathrm{R}I = I^2 R = \frac{U_\mathrm{R}^2}{R} \tag{5-34}$$

① 交流电路有功功率等于电阻元件消耗的功率，电感、电容只是转换能量，并不消耗能量。

② $P = UI\cos f$，不仅与 U、I 的大小有关，还与 U、I 的相位差有关，$\cos\varphi$ 称为电路的功率因数（阻抗角的余弦）。φ 也称功率因数角。

$$\begin{cases} 纯电阻：\varphi = 0, \cos\varphi = 1, P = UI \\ 纯电感：\varphi = 90°, \cos\varphi = 0, P = 0 \\ 纯电容：\varphi = -90°, \cos\varphi = 0, P = 0 \end{cases}$$

3. 无功功率 Q

电感元件和电容元件不消耗功率，它们与电源之间存在能量交换，无功功率的单位为 var、kvar。

$$Q = Q_\mathrm{L} + Q_\mathrm{C} = U_\mathrm{L}I - U_\mathrm{C}I = (U_\mathrm{L} - U_\mathrm{C})I = UI\sin\varphi \tag{5-35}$$

4. 视在功率 S

在交流电路中，平均功率一般不等于电压与电流有效值的乘积。电压与电流有效值的乘积称为视在功率 S，它只表示电源可以提供的最大平均功率。

$$S = UI = I^2\,|\,Z\,| \tag{5-36}$$

视在功率的单位为 $\mathrm{V \cdot A}$ 或者 $\mathrm{kV \cdot A}$，以示与 P、Q 两种功率的区别。

归纳可得 $P = UI\cos\varphi = S\cos\varphi$

$Q = UI\sin\varphi = S\sin\varphi$

$S = UI = \sqrt{P^2 + Q^2}$

这是计算交流电路功率普遍成立的公式。

显然 P、Q、S 可以用一直角三角形来表示，即功率三角形，如图 5-20 所示，它与电压三角形、阻抗三角形是相似的。

概念：交流电源设备（发电机、变压器）的额定视在功率为

$$S_\mathrm{N} = U_\mathrm{N}I_\mathrm{N} \tag{5-37}$$

S_N 称为电源设备的容量，它表示电源设备允许提供的最大有功功率。

$P = S_\mathrm{N}\cos\varphi$，一个电源输出的功率，不仅与输出的端电压及其输出电流有关，而且还与电路的参数有关。电路的参数不同，φ 也不同，这时 P、Q 不同。

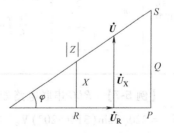

图 5-20　功率三角形

本节小结见表5-4。

表 5-4　第六节小结

电路	电路图	瞬时性	相位关系	大小关系	复数式	功率
电阻 R	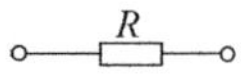	$u=iR$	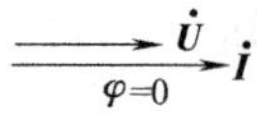 $\varphi=0$	$U=IR$	$\dot{U}=\dot{I}R$	$P=UI$ $Q=0$
电感 L	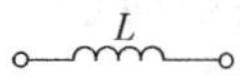	$u=L\dfrac{di}{dt}$	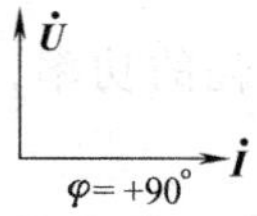 $\varphi=+90°$	$U=IX_L$ $X_L=\omega L$	$\dot{U}=jX_L\dot{I}$	$P=0$ $Q=UI$
电容 C	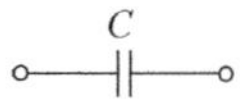	$i=C\dfrac{du}{dt}$	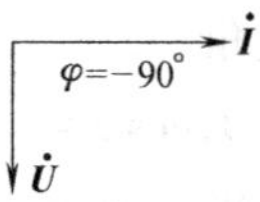 $\varphi=-90°$	$U=IX_C$ $X_C=\dfrac{1}{\omega C}$	$\dot{U}=-jX_C\dot{I}$	$P=0$ $Q=-UI$
RL 串联	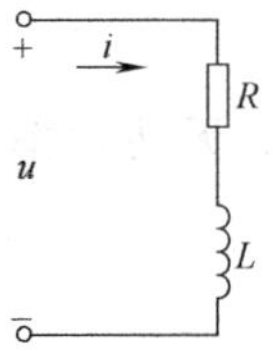	$u=iR+L\dfrac{di}{dt}$	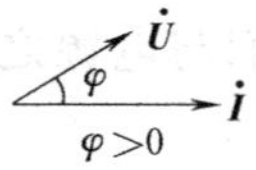 $\varphi>0$	$U=I\mid Z\mid$ $\mid Z\mid=\sqrt{R^2+X_L^2}$	$\dot{U}=\dot{I}Z$ $Z=R+jX_L$	$P=UI\cos\varphi$ $=IR_R=I^2R$ $Q=UI\sin\varphi$ $=U_LI$ $S=UI$
RC 串联	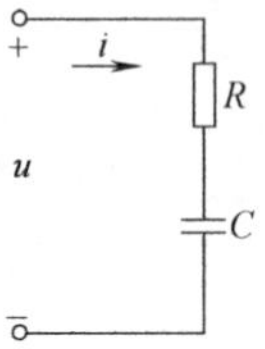	$u=iR+\dfrac{1}{C}\displaystyle\int idt$	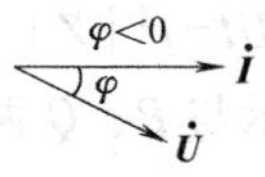 $\varphi<0$	$U=I\mid Z\mid$ $\mid Z\mid=\sqrt{R^2+X_C^2}$	$\dot{U}=\dot{I}Z$ $Z=R-jX_C$	$P=UI\cos\varphi$ $=IR_R=I^2R$ $Q=UI\sin\varphi$ $=-U_CI$ $S=UI$
RLC 串联	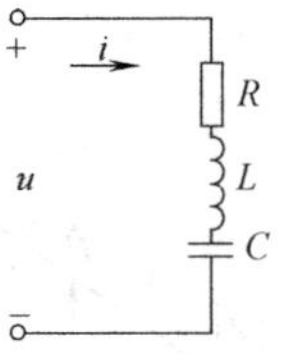	$u=iR+L\dfrac{di}{dt}+$ $\dfrac{1}{C}\displaystyle\int idt$	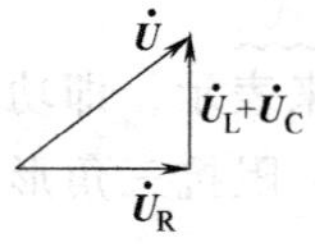	$U=I\mid Z\mid$ $\mid Z\mid=\sqrt{R^2+X^2}$ $X=X_L-X_C$	$\dot{U}=\dot{I}Z$ $Z=R+jX_L-jX_C$	$P=UI\cos\varphi$ $=IU_R=I^2R$ $Q=UI\sin\varphi$ $=(U_L-U_C)I$ $S=UI=I^2X$

【例 5-7】　RLC 串联电路如图 5-21a 所示，已知 $R=30\Omega$，$L=127\text{mH}$，$C=40\mu\text{F}$，电源电压 $u=220\sqrt{2}\sin(314t+20°)\text{V}$。（1）求电流 i 及各部分的电压 u_R、u_L、u_C（2）作相量图；（3）求功率 P 和 Q。

解：（1）$X_L=\omega L=314\times0.127\Omega=40\Omega$

$$X_C=\frac{1}{\omega C}=\frac{1}{314\times40\times10^{-6}}\Omega=80\Omega$$

$$Z=R+j(X_L-X_C)=[30+j(40-80)]\Omega$$

$$= (30-j40)\,\Omega = 50\angle-53°\,\Omega$$

$$\dot{U} = 220\angle 20°\,\text{V}$$

所以 $\dot{I} = \dfrac{\dot{U}}{Z} = \dfrac{220\angle 20°}{50\angle-53°}\,\text{A} = 4.4\angle 73°\,\text{A}$

$$i = 4.4\sqrt{2}\sin(314t+73°)\,\text{A}$$

$$\dot{U}_\text{R} = \dot{I}R = 4.4\times30\angle70°\,\text{V} = 132\angle 73°\,\text{V}$$

$$u_\text{R} = 132\sqrt{2}\sin(314t+73°)\,\text{V}$$

$$\dot{U}_\text{L} = \dot{I}jX_\text{L} = 4.4\angle 73°\times40\angle 90°\,\text{V} =$$
$$176\angle163°\,\text{V}$$

$$u_\text{L} = 176\sqrt{2}\sin(314t+163°)\,\text{V}$$

$$\dot{U}_\text{C} = \dot{I}(-jX_\text{C}) = 4.4\angle 73°\times80\angle-90°\,\text{V}$$
$$= 352\angle-17°\,\text{V}$$

$$u_\text{C} = 352\sqrt{2}\sin(314t-17°)\,\text{V}$$

（2）作相量图，如图 5-21b 所示。

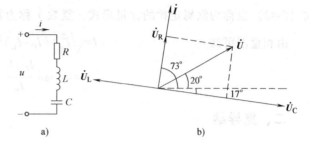

图 5-21　例 5-7 图

（3）$P = UI\cos\varphi$

$\qquad = 220\times4.4\times\cos53°\,\text{W} = 580.8\,\text{W}$

$\quad Q = UI\sin\varphi$

$\qquad = 220\times4.4\times\sin53°\,\text{var} = -774.4\,\text{var}$

第七节　RLC 并联电路及复导纳

一、电压和电流的关系

图 5-22a 为 RLC 并联电路，图 5-22b 是它的相量图。按图中选取的电流、电压关联参考方向，并设电压为

$$u = \sqrt{2}\,U\sin(\omega t+\mathit{\Psi}_u) \tag{5-38}$$

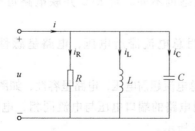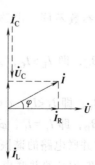

a)　　　　　　　　　　　　　　　b)

图 5-22　RLC 并联电路及相量图

第五章　正弦交流电路

则根据 KCL 可写出
$$i = i_R + i_C + i_L \qquad (5\text{-}39)$$

式（5-38）、式（5-39）用相量表示为
$$\dot{U} = U \angle \Psi_u \qquad (5\text{-}40)$$

$$\dot{I} = \dot{I}_R + \dot{I}_C + \dot{I}_L \qquad (5\text{-}41)$$

根据各元件的电压、电流的相量关系，式（5-41）可改写成

$$\dot{I} = \frac{\dot{U}}{R} + \frac{\dot{U}}{j\omega L} + \frac{\dot{U}}{\dfrac{1}{j\omega C}} = \left[\frac{1}{R} + j\left(-\frac{1}{\omega L} + \omega C \right) \right] \dot{U} = Y\dot{U} \qquad (5\text{-}42)$$

式（5-42）也称为欧姆定律的相量形式，复数 Y 称为复导纳。

由相量图可知
$$I = \sqrt{I_R^2 + (I_C - I_L)^2} \qquad (5\text{-}43)$$

$$\varphi = \arctan \frac{I_C - I_L}{I_R} \qquad (5\text{-}44)$$

二、复导纳

由式（5-41）可知 RLC 并联电路的复导纳为

$$Y = \frac{1}{R} + j\left(\omega C + \frac{1}{\omega L} \right) = G + j(B_C - B_L) = G + jB \qquad (5\text{-}45)$$

或
$$Y = \frac{\dot{I}}{\dot{U}} = |Y| \angle \varphi \qquad (5\text{-}46)$$

式中，Y 称为电路的复导纳，单位是西门子（S）。

实部 G 是该电路的电导，单位为西门子（S），虚部 $B = B_C - B_L = \omega C - \dfrac{1}{\omega L}$ 称为电纳，单位均为西门子（S），其中 $B_C = \dfrac{1}{X_C}$ 称为容纳，$B_L = \dfrac{1}{X_L}$ 称为感纳，$|Y| = \sqrt{G^2 + B^2}$ 为复导纳 Y 的模，也称为导纳，$\varphi = \arctan \dfrac{B}{G} = \arctan \left(\dfrac{B_C - B_L}{G} \right)$ 为复导纳的辐角，也称为导纳角。

三、电路中的三种情况及相量图

电路元件的参数不同，电路所呈现的状态也不同。对 RLC 并联电路可分为下列三种情况：

1）当 $B_L > B_C$，即 $I_L > I_C$，$\varphi < 0$ 时，表明总电流滞后电压，电路呈感性，如图 5-23a 所示。

2）当 $B_L < B_C$，即 $I_L < I_C$，$\varphi < 0$ 时，表明总电流超前电压，电路呈容性，如图 5-23b 所示。

3）当 $B_L = B_C$，即 $I_L = I_C$，$\varphi = 0$ 时，表明电路的端口电压与电流同相，电路呈阻性，这种情况称为 RLC 并联电路的谐振，如图 5-23c 所示。

【例 5-8】 在 RLC 的并联电路中，已知 $R = 20\Omega$，$L = 50\text{mH}$，$C = 40\mu\text{F}$，当该电路接入 220V、50Hz 的正弦电源时，求电路的复导纳为多少？写出电路中总电流的瞬时表达式。

解： 电路的复导纳为

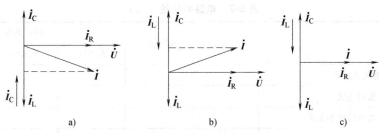

图 5-23　*RLC* 并联电路三种情况相量图

$$Y = G + j(B_C - B_L) = \frac{1}{R} + j\left(\omega C - \frac{1}{\omega L}\right)$$

$$= \left[\frac{1}{20} + j\left(314 \times 40 \times 10^{-6} - \frac{1}{314 \times 50 \times 10^{-3}}\right)\right] S$$

$$= (0.05 - j0.051) S$$

$$= 0.0714 \angle -45.56° S$$

设电压的初相位为 0°，得 $\dot{I} = Y\dot{U} = 0.0714 \angle -45.56° \times 220 \angle 0° A = 15.71 - \angle 45.56° A$

所以电流的瞬时值表达式为 $i = 15.71\sqrt{2}\sin(314t - 45.56°) A$

实验七　*RLC* 串、并联电路的研究

1. 实验前的预习

1）回忆元件的特性，填入表 5-5 中。

表 5-5　元件的特性

元件类型 项目	电阻元件	电感元件	电容元件
对交流电的阻碍作用			
电压、电流的大小关系			
电压、电流的相位关系			
相量图（以电流为参考相量）			

回忆电路的特性，填入表 5-6 和表 5-7 中。

表 5-6　电路的特性（一）

	RL 串联	*RC* 串联	*PLC* 串联		
			$X_L > X_C$	$X_L < X_C$	$X_L = X_C$
端电压表达式					
阻抗表达式					
端电压与电流大小关系					
端电压与电流相位关系					
相量图（以电流为参考相量）					

表 5-7　电路的特性（二）

	RL 并联	RC 并联	PLC 并联		
			$X_L > X_C$	$X_L < X_C$	$X_L = X_C$
总电流表达式					
阻抗表达式					
电压与总电流的大小关系					
电压与总电流的相位关系					
相量图（以电压为参考相量）					

2）*RC* 滤波器。考虑图 5-24 所示电路，这个滤波器的时间常数 *RC* 是多少？它的转折频率是多少？如果输入的是 5V 的直流电压，那么输出是多少？电阻两端的电压是多少？如果输入的是 5V 的高频率交流电压（$f \gg f_H$），电阻两端的电压为多少？

3）*RLC* 并联电路。考虑图 5-25 电路，它的谐振频率是多少？

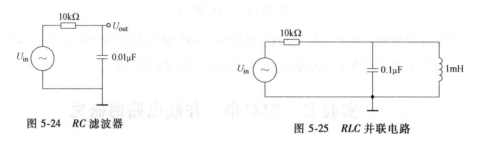

图 5-24　*RC* 滤波器

图 5-25　*RLC* 并联电路

2. 实验

1）*RC* 低通滤波器。搭建电路如图 5-24 所示。这是一个低通滤波器，它能将频率高于转折频率 $\omega_c = 1/\tau$ 的信号削弱。

将函数发生器设定为正弦波，在转折频率上下以 10 倍频为间隔测量几个频率上的幅值 $|H(\mathrm{j}\omega)| = \dfrac{U_{\mathrm{out}}}{U_{\mathrm{in}}}$，将结果描绘到图 5-26 中。

测量电路的转折频率［在 $H(\mathrm{j}\omega)$ 降到 0.707 那一点］。这个值与计算值差距有多大？

在电路上加一个频率为转折频率的方波，在图 5-27 中粗略地画出它的输出波形。

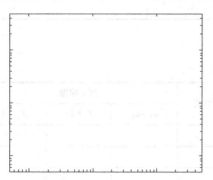

图 5-26　信号为正弦波时图 5-24 的测量结果

图 5-27　信号为方波时图 5-24 的测量结果

2）并联谐振。图 5-25 给出了一个并联谐振电路，在谐振频率处，*L* 和 *C* 并联的电路相当于开路。搭建这一电路，设定发生器的输出为 $10U_{PP}$ 的正弦波，改变频率来寻找谐振频率，将该值与实验前的计算值相比较。

在低频段（$<f_0$）和高频段（$>f_0$）测量几个 $|H(j\omega)|$ 值，并画出渐近线，将数据点画在图 5-28 中，则电路的带宽、Q 值是多少？

在电路上加入一个中心频率的方波信号（在该频率下，电路的输入阻抗最大），在图 5-29 中画出输出波形。在输入信号频率为中心频率一半和两倍频率时，观察波形变化。

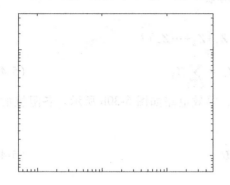

图 5-28　信号为正弦波时图 5-25 的测量结果

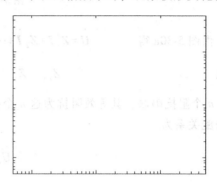

图 5-29　信号为方波时图 5-25 的测量结果

第八节*　正弦交流电路的分析计算

若正弦量用相量 U、I 表示，电路参数用复数阻抗 $\left(R{\rightarrow}R,\ L{\rightarrow}j\omega L,\ C{\rightarrow}{-}j\dfrac{1}{\omega C}\right)$ 表示，则直流电路中介绍的基本定律、定理及各种分析方法在正弦交流电路中都能使用。

通过上述内容的介绍，可以看出：正弦稳态电路的分析在引入复阻抗、复导纳后类似于直流电阻电路的分析，为了找到计算正弦稳态电路更为简便的方法，这里引入相量模型的概念。

所谓相量模型，就是在保持原正弦稳态电路拓扑结构不变的条件下，把电路中的正弦电压、电流全部用相应的相量表示，方向不变。原电路中的各个元件则分别用阻抗或导纳表示，即把每一个电阻元件看作具有 R 值的阻抗（或 G）；每一个电容元件看作具有 $\dfrac{1}{j\omega C}$ 值的阻抗（或导纳 $j\omega C$）；每一个电感元件看作具有 $j\omega L$ 值的阻抗 $\left(\text{或导纳}\dfrac{1}{j\omega L}\right)$。因为实际并不存在用虚数计量的电压和电流，也没有一个元件的参数为虚数，所以相量模型是一种假想的模型，是对正弦稳态电路进行分析的工具。用相量模型来计算正弦稳态电路的分析方法叫作相量法。为了与原电路 N 加以区分，相量模型常用 N_ω 表示。

一、阻抗、导纳的串联和并联

一个时域形式的正弦稳态电路，在用相量模型表示后，与直流电阻电路的形式完全相同，只不过这里出现的是阻抗或导纳和用相量表示的电源。阻抗、导纳的串、并联类似于电阻、电导的串、并联。图 5-30a 表示 n 个阻抗的串联电路。

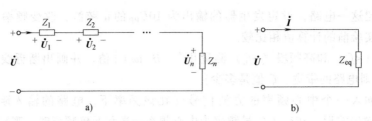

图 5-30 阻抗的串联

由图 5-30a 得
$$\dot{U} = Z_1\dot{I} + Z_2\dot{I} + \cdots + Z_n\dot{I} = (Z_1 + Z_2 + \cdots Z_n)\dot{I}$$

所以
$$Z_{eq} = Z_1 + Z_2 + \cdots Z_n = \sum_{k=1}^{n} Z_k \tag{5-47}$$

n 个阻抗串联，其等效阻抗为这 n 个阻抗之和，等效电路如图 5-30b 所示。各阻抗的电压分配关系为

$$\dot{U}_k = \frac{Z_k}{\sum_{k=1}^{n} Z_k}\dot{U} \tag{5-48}$$

同理，对于由 n 个导纳并联而成的电路，如图 5-31a 所示。

$$Y_{eq} = Y_1 + Y_2 + \cdots + Y_n = \sum_{k=1}^{n} y_k \tag{5-49}$$

等效电路如图 5-31b 所示，各导纳的电流分配公式为

$$I_k = \frac{Y_k}{\sum_{k=1}^{n} Y_k}\dot{I} \tag{5-50}$$

式中，$\dot{I}$ 为总电流；$\dot{I}_k$ 为第 k 个导纳的电流。特别是当两个阻抗并联时

$$Z_{eq} = \frac{Z_1 Z_2}{Z_1 + Z_2}$$

【例 5-9】 电路如图 5-32 所示，已知：$Z_1 = 10\Omega$，$Z_2 = 5\angle 45°\ \Omega$，$Z_3 = 6 + j8\Omega$，$\dot{U}_s = 100\angle 0°\text{V}$，求 $\dot{I}_1$、$\dot{I}_2$、$\dot{I}_3$。

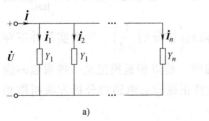

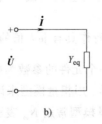

图 5-31 阻抗的并联

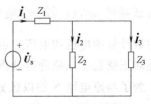

图 5-32 例 5-9 图

解： 因为 Z_2、Z_3 为并联连接，所以

$$Z_{23} = \frac{Z_2 Z_3}{Z_2 + Z_3} = \frac{5\angle 45° \times (6 + j8)}{5\angle 45° + 6 + j8}\Omega$$

$$= \frac{5\angle 45° \times 10\angle 53.13°}{5\frac{\sqrt{2}}{2}+j5\frac{\sqrt{2}}{2}+6+j8}\Omega = \frac{50\angle 98.13°}{9.54+11.54j}\Omega$$

$$= \frac{50\angle 98.13°}{14.97\angle 50.42°}\Omega = 3.34\angle 47.71°\Omega = (2.25+j2.47)\Omega$$

Z_1 与 Z_{23} 为串联连接，所以

$$Z_{123} = Z_1 + Z_{23} = (10+2.25+j2.47)\Omega = (12.25+j2.47)\Omega$$
$$= 12.50\angle 11.40°\Omega$$

则

$$\dot{I} = \frac{\dot{U}_s}{Z_{1.23}} = \frac{100\angle 0°}{12.50\angle 11.40°}A = 8\angle -11.40°A$$

由分流公式得

$$\dot{I}_3 = \frac{Z_2}{Z_2+Z_3}\dot{I} = \frac{5\angle 45°}{5\angle 45°+6+j8}\times 8\angle -11.40°A = \frac{40\angle 33.60°}{14.97\angle 50.42°}A = 2.67\angle -16.82°A$$

据 KCL 得 $\dot{I}_2 = \dot{I}_1 - \dot{I}_3 = 8\angle -11.40°A - 2.67\angle -16.82°A = 5.35\angle -8.6°A$

或

$$\dot{I}_2 = \frac{Z_3}{Z_2+Z_3}\dot{I}_1 = \frac{6+j8}{5\angle 45°+6+j8}8\angle -11.40°A = \frac{10\angle 53.13°}{14.97\angle 50.42°}\times 8\angle -11.40°A = 5.35\angle -8.6°A$$

二、正弦稳态电路的相量分析

由于采用相量法使相量形式的支路方程、基尔霍夫定律方程都成为线性代数方程，它们和直流电路中方程的形式相似。

【例 5-10】 电路如图 5-33 所示，试列出其节点电压方程。

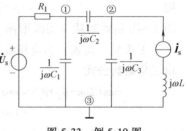

图 5-33 例 5-10 图

解：电路中共有三个节点，取节点③为参考节点，其余两个节点的节点电压相量分别为 $\dot{U}_{n1}$ 和 $\dot{U}_{n2}$。

据节点法可列出节点电压方程为

$$\begin{cases} Y_{11}\dot{U}_{n1} + Y_{12}\dot{U}_{n2} = \dot{I}_{s11} \\ Y_{21}\dot{U}_{n1} + Y_{22}\dot{U}_{n2} = \dot{I}_{s22} \end{cases}$$

式中，$Y_{11} = \frac{1}{R_1}+j\omega C_1+j\omega C_2$，$Y_{12} = -j\omega C_2$，$Y_{21} = -j\omega C_2$，$Y_{22} = j\omega C_2+j\omega C_3$，$\dot{I}_{s11} = \frac{\dot{U}_s}{R_1}$，$\dot{I}_{s22} = \dot{I}_s$。

所以，图 5-32 所示电路的节点电压方程的相量形式为

$$\begin{cases} \left(\frac{1}{R}+j\omega C_1+j\omega C_2\right)\dot{U}_{n1} - j\omega C_2\dot{U}_{n2} = \frac{\dot{U}_{s1}}{R_1} \\ -j\omega C_2\dot{U}_{n1} + (j\omega C_2+j\omega C_2)\dot{U}_{n2} = \dot{I}_s \end{cases}$$

第五章 正弦交流电路

三、正弦稳态电路的电功率

1. 瞬时功率

无源一端口网络如图 5-34a 所示，N_0 是由电阻、电容、电感等无源元件组成的，在正弦稳态情况下，设端口电压、电流分别为

$$u = \sqrt{2}\,U\cos(\omega t + \theta_u)\,, \qquad i = \sqrt{2}\,I\cos(\omega t + \theta_i)$$

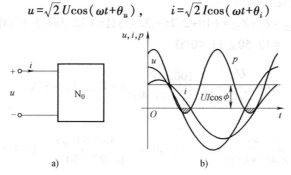

图 5-34　一端口网络的功率

N_0 所吸收的功率

$$p = ui = 2UI\cos(\omega t + \theta_u)\cos(\omega t + \theta_i)$$

据三角公式

$$2\cos\alpha\cos\beta = \cos(\alpha+\beta)\cos(\alpha-\beta)$$

则

$$p = UI\cos\phi + UI\cos(2\omega t + \theta_u + \theta_i) \tag{5-51}$$

图 5-34b 是瞬时功率的波形图。可以看出：瞬时功率有两个分量，第一个为恒定分量，第二个为正弦量，其频率为电压或电流频率的两倍。

由三角函数公式

$$\cos(2\omega t + \theta_u + \theta_i) = \cos\left[\,(2\omega t + 2\theta_i) + (\theta_u - \theta_i)\,\right]$$
$$= \cos2(\omega t + \theta_i)\cos(\theta_u - \theta_i) - \sin2(\omega t + \theta_i)\sin(\theta_u - \theta_i)$$

代入式（5-51），则式（5-51）可用另一种形式表示为

$$p = UI\cos\phi\left[\,1 + \cos2(\omega t + \theta_i)\,\right] - UI\sin\phi\sin2(\omega t + \theta_i) \tag{5-52}$$

式（5-52）表示一端口网络所吸收的瞬时功率，式中第一项始终大于零 $\left(\phi \leqslant \dfrac{\pi}{2}\right)$，表示一端口网络吸收的能量；第二项是时间的正弦函数，其值正负交替，这说明能量在外施电源与一端口之间来回交换进行。

2. 平均功率、功率因数、视在功率

瞬时功率不便于测量，且有时为正，有时为负，在工程中实际意义不大。通常引入平均功率的概念，来衡量功率的大小。

平均功率又称有功功率，是瞬时功率在一个周期（T）内的平均值，用大写字母 P 表示，即

$$P = \frac{1}{T}\int_0^T p\,\mathrm{d}t = \frac{1}{T}\int_0^T UT\left[\cos\phi + \cos(2\omega t + \theta_u + \theta_i)\right]\mathrm{d}t = UI\cos\phi \tag{5-53}$$

有功功率代表一端口网络实际消耗的功率，是式（5-52）的恒定分量，单位为瓦特（W）。它不仅与电压、电流有效值的乘积有关，还与它们之间的相位差有关。定义 $\cos\phi$ 为

功率因数，并用 λ 表示，则

$$\lambda = \cos\phi \qquad (5\text{-}54)$$

式中，$\phi = \theta_u - \theta_i$，称为功率因数角，对于不含独立源的网络，$\phi = \phi_z$。由此可见平均功率并不等于电压、电流有效值的乘积，而是要乘以一个小于 1 的系数。通常工程上用这一电压、电流有效值的乘积来表示某些电气设备的容量，称为视在功率，并用 S 表示，即

$$S = UI \qquad (5\text{-}55)$$

为了与平均功率相区别，视在功率直接用伏安（V·A）作单位。

3. 无功功率

无功功率，用 Q 表示为

$$Q = UI\sin\phi \qquad (5\text{-}56)$$

当电压 u 超前于电流 i 时，复阻抗呈感性，Q 值代表感性无功功率。反之，复阻抗为容性时，电压 u 滞后于电流 i，Q 值代表容性无功功率。无功功率并非一端口所实际消耗的功率，而仅仅是为了衡量一端口与电源之间能量交换的快慢程度，所以单位上也应与有功功率有所区别，无功功率的单位为乏（var）。

四、R、L、C 单个元件的功率

1. 电阻元件 R

因为 $\phi = 0$，所以电阻的瞬时功率为 $p = UI[1 + \cos 2(\omega t + \theta_u)]$。$p$ 始终大于或等于零，这说明电阻一直在吸收能量。平均功率为 $P_R = UI = RI^2 = GU^2$，P_R 表示电阻所消耗的功率。电阻的无功功率为零。

2. 电感元件 L

因为 $\phi = \dfrac{\pi}{2}$，所以电感的瞬时功率为 $p = UI\sin\phi\sin 2(\omega t + \theta_u)$。电感的平均功率为零，所以它不消耗能量。但是 p 正负交替变化，说明有能量的往返交换。电感的无功功率为

$$Q_L = UI\sin\phi = UI = \omega LI^2 = 2\omega\left(\frac{1}{2}LI^2\right) = 2\omega W_L$$

3. 电容元件 C

因为 $\phi = -\dfrac{\pi}{2}$，所以电容的瞬时功率为

$$q = UI\sin\phi\sin 2(\omega t + \theta_u) = -UI\sin 2(\omega t + \theta_u)$$

电容的平均功率为零，所以电容也不消耗能量，但 p 正负交替变化，说明有能量的往返交换。电容的无功功率为

$$Q_C = -UI\sin\phi = -UI = -\frac{1}{\omega C}I^2 = -\omega CU^2 = -2\omega\frac{1}{2}CU^2 = -2\omega W_C$$

五、复功率

虽然一端口网络的瞬时功率在一般情况下是一个非正弦量，其变化的频率也与电压或电流的频率不同，因而不能用相量法计算。但是其平均功率和无功功率却可以根据电压相量、电流相量来计算。设一端口网络的电压相量为 $\dot{U}$，电流相量为 $\dot{I}$，即 $\dot{U} = U\angle\theta_u$，$\dot{I} = I\angle\theta_i$，

且 $\dot{I}^* = I \angle -\theta_i$，$\dot{I}^*$ 为 $\dot{I}$ 的共轭复数，则在关联参考方向下有

$$\dot{U}\dot{I}^* = UI\angle \theta_u - \theta_i = UI(\cos\phi + j\sin\phi) = P + jQ$$

称复数 $\dot{U}\dot{I}^*$ 为复功率，用 $\overline{S}$ 表示，即

$$\overline{S} = \dot{U}\dot{I}^* = P + jQ \tag{5-57}$$

显然

$$|\overline{S}| = \sqrt{P^2 + Q^2} = \sqrt{(UI\cos\phi)^2 + (UI\sin\phi)^2} = UI = S \tag{5-58}$$

$$\arg\overline{S} = \arctan\frac{Q}{P} = \phi$$

复功率是将正弦稳态电路的三个功率和功率因数统一为一个公式表示出来，只是一个辅助计算功率的复数量，它不代表正弦量，没有任何物理意义。复功率的概念既适用于一端口，也适用于单个元件。

复功率的单位为伏安（V·A）。三种基本电路元件的复功率分别为

$$\overline{S}_R = P, \overline{S}_L = jQ_L = jUI, \overline{S}_C = jQ_C = -jUI$$

由于动态元件不消耗有功功率，所以 $P = \sum_{k=1}^{n} P_{Rk}$，即电路消耗的有功功率为电路中全部电阻元件消耗的有功功率之和 $\sum_{k=1}^{n} \overline{S}_k = 0$。

正弦稳态单口网络的功率关系见表5-8，其中有些公式在书中未做推导，请读者自行完成这一工作。

表 5-8　功率关系

符　号	名　称	公　式	备　注
p	瞬时功率	$p = ui = \mathrm{Re}[\dot{U}\dot{I}^*] + \mathrm{Re}[\dot{U}\dot{I}e^{j2\omega t}]$	
P	平均功率	$P = UI\cos\phi_Z = I^2\mathrm{Re}[Z] = U^2\mathrm{Re}[Y]$ $= \mathrm{Re}[\dot{U}\dot{I}^*]$	有功功率 $\phi_Z = \theta_u - \theta_i$
Q	无功功率	$Q = UI\sin\phi_Z = I^2\mathrm{Im}[Z] = -U^2\mathrm{Im}[Y]$ $= \mathrm{Im}[\dot{U}\dot{I}^*] = 2\omega(W_L - W_C)$	动态元件瞬时功率的最大值 $W_L = \frac{1}{2}LI^2$ $W_C = \frac{1}{2}CU^2$
S	视在功率	$\overline{S} = UI = I^2|Z| = U^2|Y| = |\dot{U}\dot{I}^*|$	瞬时功率交变分量的最大值
$\overline{S}$	复功率	$\overline{S} = \dot{U}\dot{I}^* = P + jQ$	
λ	功率因数	$\lambda = \cos\phi_Z = \frac{P}{S} = \frac{R}{|Z|} = \frac{G}{|Y|}$	ϕ_Z 为正时，电流滞后

【例 5-11】　电路如图 5-35 所示，求两负载所吸收的总复功率。

解：由已知条件 $P_1 = 10\mathrm{W}$，$\lambda_1 = 0.8$（容性）

可得 $\phi_{Z1} < 0$，$S_1 = \dfrac{P_1}{\lambda_1} = \dfrac{10}{0.8}\,\mathrm{V \cdot A} = 12.50\,\mathrm{V \cdot A}$

$$Q_1 = S_1 \sin\phi_{Z1} = S_1 \sin(-\arccos 0.8)$$
$$= 12.5\sin(-36.9°)\,\mathrm{var} = -7.51\,\mathrm{var}$$

则　$\overline{S}_1 = (10 - j7.51)\,\mathrm{V \cdot A}$

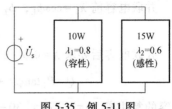

图 5-35　例 5-11 图

同理由于　$\lambda_2 = 0.6$（感性），所以 $\phi_{Z2} > 0$，$S_2 = \dfrac{P_2}{\lambda_2} =$

$\dfrac{15}{0.6}\,\mathrm{V \cdot A} = 25\,\mathrm{V \cdot A}$

$$Q_2 = S_2 \sin\phi_{Z2} = S_2 \sin(\arccos 0.6) = 25\sin 53.1°\,\mathrm{var} = 20\,\mathrm{var}$$

$$\overline{S}_2 = (15 + j20)\,\mathrm{V \cdot A}$$

第九节* 　功率因数的提高及有功功率的测量

一、功率因数的提高

由平均功率的计算公式 $P = UI\cos\phi = UI\lambda$ 可知，在同样的额定电压、电流情况下，功率因数 λ 越高，即 ϕ 越小，则一端口网络所得到的有功功率越大。工业用的感应电动机是电感性负载，功率因数较低，带动这样的负载时电源的利用率也较低，为减少电源与负载间徒劳往返的能量交换，减少线路损耗，提高负载的功率因数，可在负载两端并联大小适当的电容器。由于电容并在负载两端，所以不会影响负载支路的复功率。电容本身不消耗有功功率，因而电源提供的平均功率不改变。但是并联电容后，电容的无功功率"补偿"了负载中电感需要的无功功率，减少了电源的无功功率，从而提高了电路的功率因数。

【例 5-12】　图 5-36 所示电路外加 50Hz、380V 的正弦电压，感性负载吸收的功率 $P_L = 30\,\mathrm{kW}$，功率因数 $\lambda = 0.6$。若要使电路的功率因数提高到 $\lambda = 0.9$，求在负载两端并接的电容后，电源提供的电流是多少？

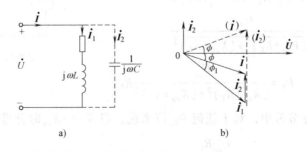

图 5-36　例 5-12 图

解：设负载吸收的复功率为 $\overline{S}_L$，电容吸收的复功率为 $\overline{S}_C$，并联电容后电路吸收的复功率为 $\overline{S}$，则有 $\overline{S} = \overline{S}_L + \overline{S}_C$。

并联电容前 $\lambda_1 = \cos\phi_L$，$\phi_L = 53.13°$，$P_L = 30\text{kW}$，$Q_L = P_L\tan\phi_L = 40\text{kvar}$

$$\overline{S}_L = P_L + jQ_L = (30 + j40)\text{kV}\cdot\text{A}$$

并联电容后要求 $\lambda = 0.9$，即 $\cos\phi = 0.9$，$\phi = \pm 25.84°$，但有功功率没有变。所以

$$Q = P_L\tan\phi = \pm 14.53\text{kvar}, \quad \overline{S} = P_L + jQ = (30 \pm j14.53)\text{kV}\cdot\text{A}$$

电容的复功率 $\overline{S}_C = \overline{S} - \overline{S}_L = [30 \pm j14.53 - (30 + j40)]\text{kV}\cdot\text{A} = -j25.47\text{kV}\cdot\text{A}$ 或 $\overline{S}_C = -j54.53$ kV·A。从经济的角度，取较小的电容为好，故有

$$C = \frac{-Q_C}{\omega U^2} = \frac{25.47 \times 10^3}{314 \times (380)^2}\text{F} = \frac{25470}{45341600}\text{F} = 561.74\mu\text{F}$$

图 5-36b 为补偿关系的相量图，从图中可以看出，经补偿后电源电流由原来的 I_L 值减小到图中的 I 值。

$$I_L = \frac{P_L}{U\cos\phi_L} = \frac{30 \times 10^3}{380 \times 0.6}\text{A} = 131.58\text{A}$$

并联电容后

$$I = \frac{P_L}{U\cos\phi} = \frac{30 \times 10^3}{380 \times 0.9}\text{A} = 87.72\text{A}$$

可见电源提供的电流大大降低，并联电容后减少了电源的无功输出，提高了电源设备的利用率，也减少了传输线上的损耗。

二、最大功率传输

本节将讨论在正弦稳态时负载从电源获得最大功率的条件。有源一端口网络的等效电路与负载阻抗相接，如图 5-37 所示。负载获得最大功率的条件取决于电路内何者为变量。给定 $Z_L = R_L + jX_L$，设 $Z_{eq} = R_{eq} + jX_{eq}$。$Z_L$ 的变化分为两种情况：

1) 负载电阻及电抗均可独立变化；

2) 负载阻抗角固定而模值可改变。首先分析第一种情况。

电路中的电流为

$$\dot{I} = \frac{\dot{U}_{oc}}{(R_{eq} + R_L) + j(X_{eq} + X_L)}$$

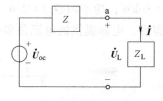

图 5-37　最大功率传输

所以

$$I = \frac{U_{oc}}{\sqrt{(R_{eq} + R_L)^2 + (X_{eq} + X_L)^2}}$$

则负载电阻的功率为

$$P_L = \frac{U_{oc}^2}{(R_{eq} + R_L)^2 + (X_{eq} + X_L)^2}R_L$$

由于 X_L 只出现在分母中，对于任何 R_L 值来说，当 $X_L = -X_{eq}$ 时分母值为最小，满足这一条件时，功率表达式为 $P_L = \dfrac{U_{oc}^2 R_L}{(R_{eq} + R_L)^2}$，所以，要使 P_L 获得最大值，应有 $\dfrac{\mathrm{d}P_L}{\mathrm{d}R_L} = 0$，即

$$U_{oc}^2\frac{(R_{eq} + R_L)^2 - 2(R_{eq} + R_L)R_L}{(R_{eq} + R_L)^4} = 0$$

解得 $R_L = R_{eq}$。

因此，在 R_L、X_L 均可变的情况下，负载获得最大功率的条件是 $X_L = -X_{eq}$，以及 $R_L = R_{eq}$，即

$$Z_L = Z_{eq}^* \qquad (5-59)$$

这时负载获得的最大功率为

$$P_{max} = \frac{U_{oc}^2}{4R_{eq}} \qquad (5-60)$$

满足这一条件时，称为最佳功率匹配，或共轭匹配。当用诺顿等效电路时，负载获得最大功率的条件是

$$Y_L = Y_{eq}^* \qquad (5-61)$$

这时

$$P_{max} = \frac{R_{eq}I_{sc}^2}{4} \qquad (5-62)$$

在第二种情况下，设负载阻抗为 $Z_L = |Z| \angle \phi = |Z|\cos\phi + j|Z|\sin\phi$，

则

$$\dot{I} = \frac{U_{oc}^2}{(R_{eq} + |Z|\cos\phi) + j(X_{eq} + |Z|\sin\phi)}$$

负载阻抗吸收的功率为

$$P_L = \frac{U_{oc}^2 |Z|\cos\phi}{(R_{eq} + |Z|\cos\phi)^2 + (X_{eq} + |Z|\sin\phi)^2}$$

式中，$|Z|$ 为变量。要使 $P_L(|Z|)$ 取得最大值，应有 $\dfrac{dP_L}{d|Z|} = 0$，经计算得

$$(R_{eq} + |Z|\cos\phi)^2 + (X_{eq} + |Z|\sin\phi)^2 -$$
$$2|Z|\cos\phi(R_{eq} + |Z|\cos\phi) - 2|Z|\sin\phi(X_{eq} + |Z|\sin\phi) = 0$$

则 $|Z|^2 = R_{eq}^2 + X_{eq}^2$，即

$$|Z| = \sqrt{R_{eq}^2 + X_{eq}^2} \qquad (5-63)$$

式 (5-63) 即为第二种情况下负载获得最大功率的条件。注意：当负载为纯电阻时，即 $|Z_L| = R_L$，$\phi = 0$，负载获得最大功率的条件是 $R_L = \sqrt{R_{eq}^2 + X_{eq}^2}$，而不是 $R_L = R_{eq}$。显然，在这一情况下负载所获得的最大功率并非为可能得到最大功率值。如果负载阻抗角也可以调节，还能使负载得到更大一些的功率。

【例 5-13】 有一台 220V、50Hz、100kW 的电动机，功率因数为 0.8。（1）在使用时，电源提供的电流是多少？无功功率是多少？（2）如欲使功率因数达到 0.85，需要并联的电容器电容值是多少？此时电源提供的电流是多少？无功功率是多少？

解：（1）由于 $P = UI\cos\phi$

所以电源提供的电流

$$I_L = \frac{P}{U\cos\phi} = \frac{100 \times 10^3}{220 \times 0.8} A = 568.18A$$

无功功率 $Q_L = UI_L\sin\phi = 220 \times 568.18\sqrt{1 - 0.8^2} \text{ var} = 74.99\text{kvar}$

（2）使功率因数提高到 0.85 时所需的电容容量为

$$C = \frac{P}{\omega U^2}(\tan\phi_1 - \tan\phi_2)$$

$$= \frac{100 \times 10^3}{314 \times 220^2} \times (0.75 - 0.62)\,\mathrm{F} = 855.4\,\mu\mathrm{F}$$

此时电源提供的电流 $I = \dfrac{P}{U\cos\phi} = \dfrac{100 \times 10^3}{220 \times 0.85}\,\mathrm{A} = 534.76\,\mathrm{A}$

可见，用电容进行无功补偿时，可以使电路的电流减小，提高供电质量。

<h2 align="center">习　题</h2>

1. 交流电的三要素是什么？与直流电有何不同？

2. 某正弦电流的频率为 20Hz，有效值为 6A，在 $t = 0$ 时，电流的瞬时值为 5A，且此时电流在增加，求该电流的瞬时值表达式。

3. 220V、50Hz 的电源分别加在电阻、电感和电阻负载上，此时它们的电阻值、电感值、电容值均为 22Ω，试分别求出三个元件中的电流，写出各电流的瞬时值表达式，并以电压为参考相量画出相量图。若电压的有效值不变，频率由 50Hz 变到 500Hz，重新回答以上问题。

4. 荧光灯电源的电压为 220V，频率为 50Hz，灯管相当于 300Ω 的电阻，与灯管串联的镇流器在忽略电阻的情况下相当于 500Ω 感抗的电感，试求灯管两端的电压和工作电流，并画出相量图。

5. 试计算上题荧光灯电路的平均功率、视在功率、无功功率和功率因数。

6. 为了降低风扇的转速，可在电源与风扇之间串入电感，以降低风扇电动机的端电压。若电源电压为 220V，频率为 50Hz，电动机的电阻为 190Ω，感抗为 260Ω。现要求电动机的端电压降至 180V，试问串联的电感应为多大？

7. 某一灯泡上写着额定电压 220V，这是指电压的（　　　）。

A. 最大值　　　　　B. 瞬时值　　　　　C. 有效值　　　　　D. 平均值

8. 正弦电路中的电容元件，（　　　）。

A. 频率越高，容抗越大　　　　　　　　B. 频率越高，容抗越小

C. 容抗与频率无关

9. 在纯电容电路中，增大电源频率时，其他条件不变，电路中电流将（　　　）。

A. 增大　　　　　B. 减小　　　　　C. 不变　　　　　D. 不能确定

10. 通常交流仪表测量的交流电流、电压值是（　　　）。

A. 平均值　　　　　B. 有效值　　　　　C. 最大值　　　　　D. 瞬时值

11. RL 串联电路中，电阻 $R = 16\Omega$，感抗 $x_L = 12\Omega$，电源电压为 200V。求电路的阻抗 Z、电阻上的电压 U_R、电感上的电压 U_L。

12. 有一个 220V、100W 的电烙铁，接在 220V、50Hz 的电源上。要求：（1）绘出电路图，并计算电流的有效值；（2）计算电烙铁消耗的电功率；（3）画出电压、电流相量图。

13. 把 $L = 51\mathrm{mH}$ 的线圈（线圈电阻极小，可忽略不计），接在 $u = 311\sin(314 + 60°)\,\mathrm{V}$ 的交流电源上，试计算：（1）x_L；（2）电路中的电流 i；（3）画出电压、电流相量图。

14. 把 $C = 140\mu\mathrm{F}$ 的电容器，接在 $u = 100\sin314t\,\mathrm{V}$ 的交流电路中，试计算：（1）x_C；

（2）电路中的电流 i；（3）画出电压、电流相量图。

15. 有一 RL 串联的电路，接于 50Hz、100V 的正弦电源上，测得电流 $I = 2A$，功率 $P = 100W$，试求电路参数 R 和 L。

16. 图 5-38 所示电路中，$u_s = 10\sin 314t\text{V}$，$R_1 = 20\Omega$，$R_2 = 10\Omega$，$L = 637\text{mH}$，$C = 637\mu\text{F}$，求电流 i_1、i_2 和电压 u_C。

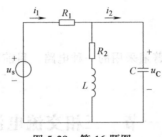

图 5-38　第 16 题图

第六章 三相交流电路

三相交流电路是电力系统中普遍采用的一种电路，目前电能的产生、输送和分配，几乎全部采用三相交流电。

第一节 三相交流电源

在电力系统中，采用的三相交流电源，一般都是对称三相电源，其对称三相电动势由三相交流发电机产生。图 6-1a 是三相交流发电机的结构示意图，发电机主要由电枢和磁极两部分组成。

电枢是固定的，称为定子，定子铁心由硅钢片叠成一定的厚度，其内圆周表面冲有槽，在槽中安装了三相电枢绕组 AX、BY、CZ，每相绕组的匝数、形状相同，每相绕组的始端间、末端间都彼此相隔 120°圆周角。图 6-1b 是其中一相绕组的示意图及其中正电动势的正方向。

磁极是转动的，亦称转子。转子铁心上绕有励磁绕组，用直流电源励磁。选择合适的磁极极面的形状和励磁绕组的布置情况，可使空气隙中的磁感应强度沿电枢内圆周表面按正弦规律分布。

当转子由原动机（水轮机、汽轮机、柴油机）拖动，以匀角速度 ω 按顺时针方向等速旋转时，每相电枢绕组一侧被磁力线切割，在三个绕组 AX、BY、CZ 中，分别产生大小相等、频率相同、相位互相相差 120°的三个正弦交流电动势，称为对称三相电动势。

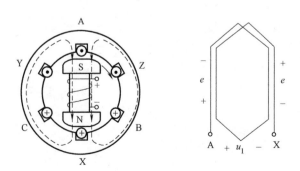

a) 三相交流发电机的结构示意图　　b) 一相电枢绕组及其中电动势的正方向

图 6-1　交流发电机结构及电动势方向

每相电动势的正方向，规定为从每相绕组的末端指向始端，若以 A 相作为参考相量（初相等于零），则对称三相电源的瞬时值表达式为

1）对称三相电源的瞬时值表达式为

$$\begin{cases} u_A = U_m \sin\omega t \\ u_B = U_m \sin(\omega t - 120°) \\ u_C = U_m \sin(\omega t + 120°) \end{cases} \quad (6\text{-}1)$$

本章所指的三相电源皆是指式（6-1）表示的对称三相电源。

2）对称三相电源的相量形式为

$$\begin{cases} \dot{U}_A = U \angle 0° \\ \dot{U}_B = U \angle -120° \\ \dot{U}_C = U \angle 120° \end{cases} \quad (6\text{-}2)$$

3）对称三相正弦电源的波形图、相量图如图 6-2 所示。

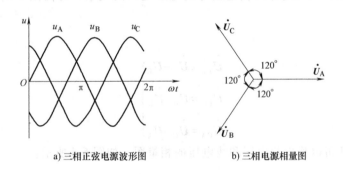

a) 三相正弦电源波形图　　　　b) 三相电源相量图

图 6-2　三相正弦电源的波形图及相量图

4）从图 6-2 可知，三相电源的瞬时值之和或相量和都等于零，即

$$u_A + u_B + u_C = 0 \quad (6\text{-}3)$$

$$\dot{U}_A + \dot{U}_B + \dot{U}_C = 0 \quad (6\text{-}4)$$

5）相序。三相电源超前、滞后的次序称为相序。如果 A 相超前 B 相，B 相超前 C 相，称为正序或顺序；反之，称为负序或逆序。工程上通用的是正序。

>> **小知识:**

在电机尺寸相同的条件下，三相发电机的输出功率比单相发电机高 50% 左右；输送距离和输送功率一定时，采用三相制比单相制要节省大量的有色金属；三相同电设备具有结构简单、运行可靠、维护方便等良好性能。

第二节　三相交流电源的绕组连接方式

三相电源有星形和三角形两种连接方式，构成一定的供电体系向负载供电。

一、三相电源的星形联结

1）三相电源的星形联结，如图 6-3 所示。将三相绕组的 X、Y、Z 接成一点，该连接点称为中性点（俗称零点），用字母 N 表示，从中性点引出的导线，称为中性线（俗称零线）。从三相绕组的三个始端引出的三根导线，称为相线或端线（俗称火线），分别用字母 A、B、C 表示三相，或分别用黄、绿、红颜色标出并表示相序，此时，标浅蓝色的是中性线。

三相电源有线电压和相电压之分。任意两绕组始端间的电压，即相线与相线间的电压，称为线电压，其有效值用 U_{AB}、U_{BC}、U_{CA} 表示，或一般用 U_l 表示。每相绕组始、末端间的电压，即相线与中性线间的电压，称为相电压，其有效值分别用 U_A、U_B、U_C 表示，或一般用 U_p 所示。线电压与相电压的正方向，如图 6-3 所示。

2）星形联结时，三相电源的相电压与线电压之间的关系，可由图 6-3，根据基尔霍夫定律得出

$$\left.\begin{aligned}
\dot{U}_{AB} &= \dot{U}_A - \dot{U}_B \\
\dot{U}_{BC} &= \dot{U}_B - \dot{U}_C \\
\dot{U}_{CA} &= \dot{U}_C - \dot{U}_A
\end{aligned}\right\} \tag{6-5}$$

由式（6-5）还可以作出相电压和线电压的相量图，如图 6-4 所示。

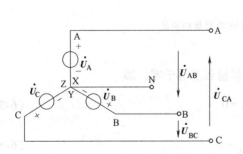

图 6-3　三相电源的星形联结

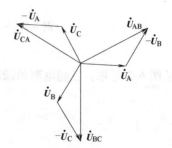

图 6-4　星形联结时线电压与相电压的相量图

由图 6-4 可见，线电压和相电压有效值之间的关系为

$$\frac{1}{2}U_l = U_p \cos 30°$$

即

$$U_l = \sqrt{3}\,U_p \tag{6-6}$$

3）线电压在相位上较相应的相电压超前 30°，因此，线电压与相电压的相量关系为

$$\left.\begin{array}{l}\dot{U}_{AB}=\sqrt{3}\,\dot{U}_A\angle 30°\\[6pt]\dot{U}_{BC}=\sqrt{3}\,\dot{U}_B\angle 30°\\[6pt]\dot{U}_{CA}=\sqrt{3}\,\dot{U}_C\angle 30°\end{array}\right\} \qquad (6\text{-}7)$$

由于相电压是三相对称的，由式（6-7）可知，其线电压也是对称的。

三相发电机的三相绕组成星形联结时，可以提供两种不同的供电电压，在我国低压供电系统中，线电压大都是 380V，此时相电压为 220V。

二、三相电源的三角形联结

发电机三相绕组的三角形联结，如图 6-5 所示。三相绕组的始端与末端依次相连，构成闭合回路，然后从三个连接点引出三根供电线。由图 6-5 可见，三相绕组接成三角形时，线电压就是相电压，即

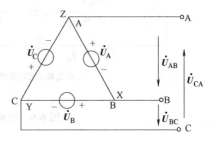

$$\left.\begin{array}{l}\dot{U}_{AB}=\dot{U}_A\\[6pt]\dot{U}_{BC}=\dot{U}_B\\[6pt]\dot{U}_{CA}=\dot{U}_C\end{array}\right\} \qquad (6\text{-}8)$$

图 6-5　三相电源的三角形联结

>> **温馨提示：**

三相绕组成三角形或星形联结时，每相绕组的始末端都要分辨清楚，不能接错。如将任一相绕组的始末端接错了，不论是三角形联结还是星形联结，都将产生严重的后果。

第三节　对称三相电路的计算

负载有单相负载、三相负载。照明灯、电风扇、电视机、冰箱等家用电器，只需单相电源，通常是在三相电源中任取一相作为单相供电电源的，这些使用单相电源的负载，称为单相负载。另一些负载，如三相交流电动机、大功率电热器等，需要接上三相电压才能正常工作，这类负载称为三相负载。不论是单相负载还是三相负载，它们都可以根据负载的额定电压，按照一定的连接方式接入三相电路，这些接入三相电路中的负载，称为三相负载。

一、负载星形联结的对称三相电路

负载星形联结的三相四线制电路，如图 6-6 所示。图中 $\dot{U}_U$、$\dot{U}_V$、$\dot{U}_W$ 是三相四线对称电源的相电压，$Z_U=Z_V=Z_W=Z$ 是三相负载的阻抗，Z_1 为三根相线的阻抗，Z_N 为中性线的阻抗。

三相电路中的电流有线电流和相电流之分。通过每根相线的电流，称为线电流，其有效值用 I_l 表示。通过每相负载的电流，称为相电流，其有效值用 I_p 表示。

图 6-6 中所示的电流 $\dot{I}_U$、$\dot{I}_V$、$\dot{I}_W$ 都是线电流，它也是通过相应负载的相电流，所以在负载为星形联结时，相电流等于相应的线电流，一般可表示为

$$I_l = I_p \tag{6-9}$$

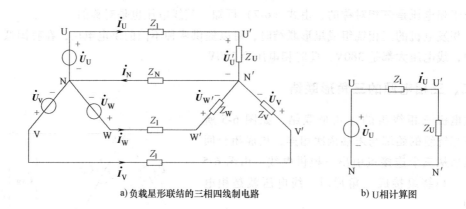

a) 负载星形联结的三相四线制电路　　　　　　b) U相计算图

图 6-6　负载星形联结的对称三相电路

由图 6-6 所示的三相四线制电路原理图可得电路的节点电压方程为

$$U_{N'N} = \frac{\dfrac{\dot{U}_U}{Z_u} + \dfrac{\dot{U}_V}{Z_V} + \dfrac{\dot{U}_W}{Z_W}}{\dfrac{1}{Z_U} + \dfrac{1}{Z_V} + \dfrac{1}{Z_W} + \dfrac{1}{Z_N}} \tag{6-10}$$

各相直接承受电源提供的相电压，由基尔霍夫定律可得每相负载相电流为

$$\left. \begin{aligned}
\dot{I}_{U'} &= \frac{\dot{U}_U}{Z+Z_1} = I_p \angle -\varphi = \dot{I}_U \\[2mm]
\dot{I}_{V'} &= \frac{\dot{U}_V}{Z+Z_1} = I_p \angle -\varphi - 120° = \dot{I}_V \\[2mm]
\dot{I}_{W'} &= \frac{\dot{U}_W}{Z+Z_1} = I_p \angle -\varphi_Z + 120° = \dot{I}_W
\end{aligned} \right\} \tag{6-11}$$

中性线电流为
$$\dot{I}_N = \dot{I}_{U'} + \dot{I}_{V'} + \dot{I}_{W'} = 0 \tag{6-12}$$

负载电压为
$$\left. \begin{aligned}
\dot{U}_{UN'} &= \dot{U}_U - \dot{U}_{N'N} \\[1mm]
\dot{U}_{VN'} &= \dot{U}_V - \dot{U}_{N'N} \\[1mm]
\dot{U}_{WN'} &= \dot{U}_W - \dot{U}_{N'N}
\end{aligned} \right\} \tag{6-13}$$

对称三相负载成星形联结时有以下特点：

① 中性线可有可无。无论电路中有无中性线、中性线阻抗为多大，N、N'两点均可用无

阻抗导线相连接，每相负载直接获得星形联结时对称三相电源的相电压。

② 独立性。对称三相负载各相电压、相电流只与本相的电源及阻抗有关，而与其他两相无关。

③ 对称性。负载各线电流、相电流均对称。可以只求一相，其他两相由对称原则推出，不需再另行计算。

二、负载三角形联结的对称三相电路

负载的三角形联结如图 6-7 所示。三相负载 Z_U、Z_V、Z_W 成三角形联结，每相负载分别接在电源的两根相线间，所以每相负载的相电压 U_p 等于电源的线电压 U_1，即

$$U_p = U_1 \tag{6-14}$$

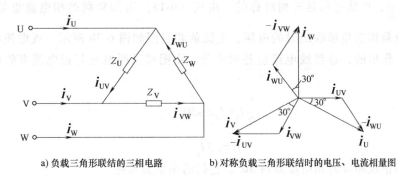

a) 负载三角形联结的三相电路　　　b) 对称负载三角形联结时的电压、电流相量图

图 6-7　负载的三角形联结

由于三相电源线电压是对称的，因此不论三相负载对称与否，负载相电压总是对称的。当负载的额定电压等于三相电源线电压时，该负载应当采用三角形联结。

当负载作三角形联结时，线电流 $\dot{I}_U$、$\dot{I}_V$、$\dot{I}_W$ 和相电流 $\dot{I}_{UV}$、$\dot{I}_{VW}$、$\dot{I}_{WU}$ 之间的关系，可由图 6-7a 根据基尔霍夫定律得出，即

$$\left. \begin{aligned} \dot{I}_U &= \dot{I}_{UV} - \dot{I}_{WU} \\ \dot{I}_V &= \dot{I}_{VW} - \dot{I}_{UV} \\ \dot{I}_W &= \dot{I}_{WU} - \dot{I}_{VW} \end{aligned} \right\} \tag{6-15}$$

各相负载的相电流为

$$\left. \begin{aligned} \dot{I}_{UV} &= \frac{\dot{U}_{UV}}{Z_{UV}} \\ \dot{I}_{VW} &= \frac{\dot{U}_{VW}}{Z_{VW}} \\ \dot{I}_{WU} &= \frac{\dot{U}_{WU}}{Z_{WU}} \end{aligned} \right\} \tag{6-16}$$

第六章　三相交流电路

101

各相负载相电压与相电流的相位差为

$$
\left.
\begin{aligned}
\varphi_{UV} &= \arctan\frac{X_{UV}}{R_{UV}} \\
\varphi_{VW} &= \arctan\frac{X_{VW}}{R_{VW}} \\
\varphi_{WU} &= \arctan\frac{X_{WU}}{R_{WU}}
\end{aligned}
\right\}
\tag{6-17}
$$

式中，R_{UV}、R_{VW}、R_{WU} 及 X_{UV}、X_{VW}、X_{WU} 分别为各相负载的电阻及电抗。

当三相负载对称时，由于 $R_{UV} = R_{VW} = R_{WU} = R$，$X_{UV} = X_{VW} = X_{WU} = X$，所以 $\varphi_{UV} = \varphi_{VW} = \varphi_{WU} = \varphi = \arctan\dfrac{X}{R}$，因线电压是三相对称的，由式（6-15）可知负载的相电流也是对称的，三相感性对称负载作三角形联结时的电压、电流的相量图如图 6-7b 所示。线电流相量图是根据式（6-15）作出的，显然线电流也是对称的。由图可见线电流与相电流有效值间的关系是

$$
\frac{1}{2}I_l = I_p\cos30°
$$

即

$$
I_l = \sqrt{3}\,I_p
\tag{6-18}
$$

线电流的相位较相应的相电流滞后 30°，它们的相量关系是

$$
\left.
\begin{aligned}
\dot{I}_U &= \sqrt{3}\,\dot{I}_{UV}\angle -30° \\
\dot{I}_V &= \sqrt{3}\,\dot{I}_{VW}\angle -30° \\
\dot{I}_W &= \sqrt{3}\,\dot{I}_{WU}\angle -30°
\end{aligned}
\right\}
\tag{6-19}
$$

第四节　不对称三相电路的计算

一、不对称负载星形联结（无中性线）

不对称负载是指三相负载的复阻抗不完全相等，因此，由式（6-10）可见，$\dot{U}_{N'N} \neq 0$，设 $\dot{U}_{N'N}$ 超前 $\dot{U}_U$ 的角度为 φ，根据式（6-13）可作出负载相电压的相量图，如图 6-8 所示。

显然各相负载的相电压 $\dot{U}_{UN'}$、$\dot{U}_{VN'}$、$\dot{U}_{WN'}$ 不等于相应相电源相电压 $\dot{U}_U$、$\dot{U}_V$、$\dot{U}_W$，而且各相负载相电压互不相等，V 相负载相电压 $\dot{U}_{VN'}$ 较 U 相负载相电压 $\dot{U}_{UN'}$ 高得多，这样就致使负载不能正常工作。

如果三相电路中各相都接有单相负载，则相电压过高的一相负载很快被烧毁，相电压过低的一相负载不能发挥其应有的作用。某相负载大小改变时，$\dot{U}_{N'N}$ 随之改变，各相负载相电压、相电流也随着改变，各相互有影响。

可见，不对称负载星形联结（无中性线）的三相电路有如下特征：

1）负载中性点 N′和电源中性点 N 的电位不等，这种现象称为中性点位移。

2）负载相电压不等于相应相电源相电压，负载相电压各不相等，一相电压高，另一相电压低，各相不能视作各自独立的单相电路，各相互有影响。

3）各相负载相电压、相电流是不对称的（仅频率相同）。

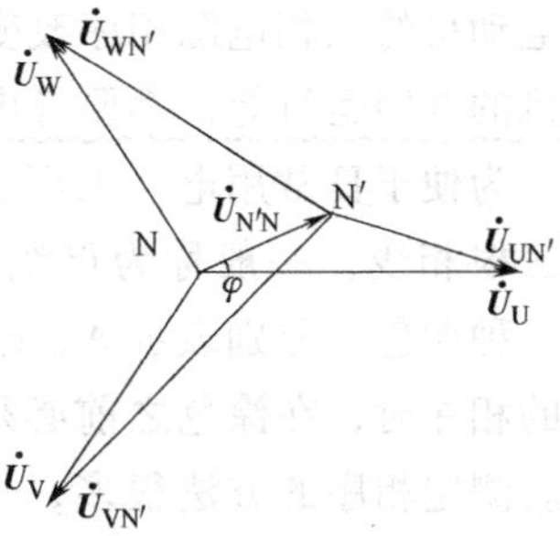

图 6-8　不对称负载星形联结时各相电压的相量图

二、不对称负载星形联结（有中性线）

在不对称负载星形联结的三相电路中，如果中性线阻抗 $Z_N = 0$，则 $\dot{U}_{N'N} = 0$，致使各种负载相电压等于相应电源相电压，各相仍可视作是各自独立的单相电路，各相电流仍可按各自独立的单相电路求得，相电流的计算公式与式（6-15）相同，不过此时相电流是不对称的，中性线电流 $\dot{I}_N = \dot{I}_U + \dot{I}_V + \dot{I}_W \neq 0$。

由上述可知，不对称负载星形联结时三相电路必须有中性线，而且中性线阻抗必须很小，否则，三相电路不能正常工作，甚至会出现一相电压过高、一相电压过低的现象，从而造成毁坏用电设备的严重后果。

三相照明负载，由于使用时有很大的随机性，一般不可能工作在对称负载状态，因此，照明负载三相电路必须有中性线，即采用三相四线制电路。三相异步电动机是三相对称负载，无须接入中性线，采用三相三线制电路。

在设计电路时，照明三相负载应尽可能均匀分配在各相电路中，使三相四线制供电系统尽可能在三相对称负载下运行，这对供电系统的经济性和安全性都是有益的。

>> 想一想：

中性线是否可以断开？中性线上是否可以安装熔断器和开关？

三、不对称负载三角形联结的三相电路

（1）不计相线阻抗时　每相负载分别承受对称三相电源的线电压，只要分别计算三个单相电路即可求得各个相电流，再应用 KCL 求得各个线电流。此时，相电流、线电流均不再对称。

（2）考虑相线阻抗时　将三角形联结负载变换为星形联结负载，就成为丫-丫对称电路的计算。

四、相序指示电路

相序是指三相电动势（或电压）按相位滞后排列的次序，由式（6-1）可知，在相位上 B 相电动势较 A 相电动势滞后 120°，C 相电动势较 B 相电动势滞后 120°，因此该相序是 A-B-C。

使用三相交流电要注意其相序，如三相异步电动机的转向决定于三相电源的相序，接入电动机的三相电源相序改变了，电动机的转向也会随之改变，三相变压器的并联运行、发电机的并网运行等，都要考虑相序的问题。

为便于日常用电，工厂、车间变配电所必须给电源三根相线，一般称为母线，母线分别涂成黄、绿、红三种颜色，分别表示 A、B、C 三相，在不知三根母线的相序时，在涂色之前必须首先测定三相电源的相序。测定相序的方法很多，这里介绍一种简单的测试相序的方法，用一只 2μF、耐压为 500V 的电容和两只相等功率的白炽灯泡（220V，60W），便可做一个交流电源指示器，如图 6-9 所示。

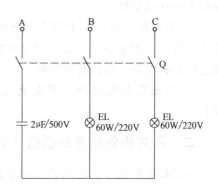

图 6-9　电源相序测试电路

操作时，合上开关，通过两灯亮度差就能很快判明电源相序。设电容端是 A 相，则灯泡光强的一端是 B 相，光弱的一端为 C 相。

由于电容的移相作用，若改变其中一相相位角，使作用到两相上矢量电压不相等，其规律始终是 B 相矢量电压大于 C 相矢量电压。

第五节　三相电路的功率

三相电路的有功功率和无功功率，分别等于各相有功功率和无功功率之和，P_A、P_B、P_C 分别表示 A、B、C 各相的有功功率，Q_A、Q_B、Q_C 分别表示 A、B、C 各相的无功功率。

1. 瞬时功率

三相电路中，三相负载的瞬时功率应是各相负载瞬时功率之和，即

$$p(t) = p_A(t) + p_B(t) + p_C(t) = u_A i_A + u_B i_B + u_C i_C \tag{6-20}$$

2. 有功功率

三相负载吸收的有功功率等于各相负载吸收的有功功率之和，即

$$P = P_A + P_B + P_C = U_{Ap}I_{Ap}\cos\varphi_A + U_{Bp}I_{Bp}\cos\varphi_B + U_{Cp}I_{Cp}\cos\varphi_C \tag{6-21}$$

当三相负载对称时，各相负载的有功功率相等，即

$$P = 3U_p I_p \cos\varphi = \sqrt{3}\,U_1 I_1 \cos\varphi \tag{6-22}$$

3. 无功功率

三相负载的无功功率等于各相负载的无功功率之和，即

$$Q = Q_A + Q_B + Q_C = U_{Ap}I_{Ap}\sin\varphi_A + U_{Bp}I_{Bp}\sin\varphi_B + U_{Cp}I_{Cp}\sin\varphi_C \tag{6-23}$$

当三相负载对称时，各相负载的无功功率相等，即有

$$Q = 3U_p I_p \sin\varphi = \sqrt{3}\,U_1 I_1 \sin\varphi \tag{6-24}$$

4. 视在功率

三相电路的视在功率定义为

$$S = \sqrt{P^2 + Q^2} \tag{6-25}$$

当三相电路对称时，又可表示为

$$S = 3U_p I_p = \sqrt{3}\, U_1 I_1 \qquad\qquad (6\text{-}26)$$

【例 6-1】 一台三相交流电动机，接于线电压为 380V 的三相交流电源上，电机轴上输出的机械功率 $P_2 = 4\text{kW}$、功率因数 $\cos\varphi_N = 0.82$，效率 $\eta_N = 84.5\%$。求：（1）电动机从电源吸收的电功率；（2）电动机的线电流和无功功率。

解：（1）设电动机从电源吸收的电功率为 P_1，则

$$P_1 = \frac{P_2}{\eta} = \frac{4000}{0.845}\text{W} = 4733.7\text{W} = 4.73\text{kW}$$

（2）电动机的电流为

$$I_1 = \frac{P_1}{\sqrt{3}\, U_1 \cos\varphi_N} = \frac{4.73 \times 10^3}{\sqrt{3} \times 380 \times 0.82}\text{A} = 8.76\text{A}$$

电动机的无功功率为

$$Q = \sqrt{3}\, U_1 I_1 \sin\varphi = \sqrt{3} \times 380 \times 8.76 \times \sqrt{1 - 0.82^2}\,\text{var}$$
$$= 3300\text{var} = 3.3\text{kvar}$$

实验八　功率表的使用及三相电路功率的测量

一、实验目的

1) 掌握常规仪表的使用方法。
2) 掌握三相电路功率的测量方法。

二、实验原理

1. 功率表的使用

要测量负载的有功功率，仅用电压表、电流表测出电压和电流来是不够的，通常采用电动系功率表进行测量。

电动系功率表内部有两个线圈，一个是固定线圈，也称电流线圈；另一个是可转动的活动线圈，也称电压线圈。测量功率时，电流线圈串接到被测电路中，通过的电流就是被测负载的电流 I，电压线圈在表内串联一个电阻值很大的电阻 R 后与负载电流并联，流过线圈的电流与负载电压成正比，电压线圈支路的端电压就是被测负载的电压 U。这样当电流与电压同时分别作用于两线圈时，由于电磁相互作用产生电磁转矩而使活动线圈转动，带动指针偏转。电磁转矩正比于两线圈的电流瞬时值的乘积。由于电压线圈采用串联很大附加电阻的方法来改变量限，电压线圈的电抗可忽略，所以该线圈中的电流与负载的电压 U 是成正比的。那么，活动线圈受到的电磁转矩就正比于被测负载的电压与电流的瞬时值的乘积，即正比于瞬时功率，所以，电动系功率表可用来测量交流电路中的有功功率。

电动系功率表的指针偏转方向与两个线圈中的电流方向有关，为此要在表上明确标示出能使指针正向偏转的电流方向。通常分别在每个线圈的一个端钮标有符号 "＊"，称之为 "电源端"，如图 6-10 所示。接线时应使两线圈的 "电源端" 接在电源的同一极性上，以保证两线圈的电流参考方向都从该端钮流入。功率表的正确接线方式如图 6-10 所示。

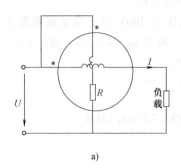 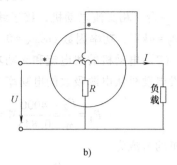

a)   b)

图 6-10   有功功率的测量

使用功率表时，不仅要求被测功率数值在仪表量限内，而且要求被测电路的电压和电流数值也不超过仪表电压线圈和电流线圈的额定量限值，否则会烧坏仪表的线圈。因此，选择功率表量限，就是选择其电压和电流的量限。

2. 功率表的读数

由于功率表的电压线圈量限有几个，电流线圈的量限一般有两个，如图 6-11 所示。若实验室所设计的荧光灯电流实验的功率表电流量限为 0.5~1A，电流量程换接片按图 6-11 中实线的接法，即为功率表的两个电流线圈串联，其量限为 0.5A；如换接片按虚线连接，即功率表两个电流线圈并联，量限为 1A，表盘上的刻度为 150 格。

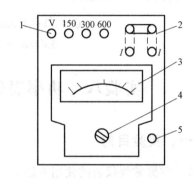

图 6-11   功率表前面板示意图
1—电压接线端子 2—电流接线端子 3—标度盘
4—指针零位调整器 5—转换功率正负的旋钮

如功率表电压量限选 300V，电流量限选 1A 时，用这种额定功率因数为 1 的功率表去测量，则每格 $=\dfrac{300\text{V}\times1\text{A}}{150}=2\text{W}$，即实数的格数乘以 2 才为实际被测功率值。

如电压量限选用 300V，电流量限选 0.5A，则每格 $=\dfrac{300\text{V}\times0.5\text{A}}{150}=1\text{W}$，即实数的格数乘以 1 为被测功率数值。所以功率表实际测量的功率 P 应满足下面的换算公式：

$$P=\frac{\text{被选的电压量限}\times\text{被选的电流量限}}{\text{仪表满刻度的格数}}\times\text{实际格数}$$

3. D34-W 型低功率因数功率表

D34-W 型携带式 0.5 级电动系低功率因数功率表如图 6-12 所示，主要用于直流电路中测量小功率或 50Hz 交流电流中的功率。

该表准确度等级为 0.5 级，额定功率因数 $\cos\varphi=0.2$。基本技术特性如下：

1）仪表串联电路中的额定电流为双量限，供应下列五种规格（见表 6-1）：0.25~0.5A；0.5~1A；1~2A；2.5~5A；5~10A。

2）仪表并联电路中的额定电压为三量限，供应下列各种规格（见表 6-2）；

图 6-12 D34-W 型低功率因数功率表

25V/50V/100V；50V/100V/200V；75V/150V/300V；150V/300V/600V。

表 6-1 仪表串联电路的直流电阻值

额定电流/A	量限/A	直流电阻值/Ω
0.25~0.5	0.25	39.09
	0.5	9.272
0.5~1	0.5	10.044
	1	2.511
1~2	1	2.26
	2	0.57
2.5~5	2.5	0.412
	5	0.103
5~10	5	0.11
	10	0.027

表 6-2 仪表并联电压电路电流为 30mA 时各量限的直流电阻值

额定电压/V	量限/V	直流电阻值/Ω
25/50/100	25	833.3
	50	1666.7
	100	3333.3
50/100/200	50	1666.7
	100	3333.3
	200	6666.7
75/150/300	75	2500
	150	5000
	300	10000
150/300/600	150	5000
	300	10000
	600	20000

使用注意事项：

1）使用时仪表应水平放置，并尽可能远离强电流导线或强磁场地点，以免使仪表产生附加误差。

2）仪表指针如不在零位时，可利用表盖上的零位调整器进行调整。

3）测量时如遇仪表指针反向偏转时，可改变换向开关之极性，即可使指针顺向偏转。切忌互换电压接线，以免使仪表产生误差。

仪表的指示值可按下式计算：

$$P = C\alpha$$

式中　　P——功率（W）；

　　　　C——仪表常数，亦即每小格所代表的功率，如表 6-3 所示；

　　　　α——仪表偏转时指示格数。

表 6-3　D34-W 型功率表每小格代表的功率

电流/A ＼ 电压/V	刻度每格所代表的功率/W											
	25	50	100	50	100	200	75	150	300	150	300	600
0.25	0.01	0.02	0.04	0.025	0.05	0.1	0.025	0.05	0.1	0.05	0.1	0.2
0.5	0.02	0.04	0.08	0.05	0.1	0.2	0.05	0.1	0.2	0.1	0.2	0.4
0.5	0.025	0.05	0.1	0.05	0.1	0.2	0.05	0.1	0.2	0.1	0.2	0.4
1	0.05	0.1	0.2	0.1	0.2	0.4	0.1	0.2	0.4	0.2	0.4	0.8
1	0.05	0.1	0.2	0.1	0.2	0.4	0.1	0.2	0.4	0.25	0.5	1
2	0.1	0.2	0.4	0.2	0.4	0.8	0.2	0.4	0.8	0.5	1	2
2.5	0.1	0.2	0.4	0.25	0.5	1	0.25	0.5	1	0.5	1	2
5	0.2	0.4	0.8	0.5	1	2	0.5	1	2	1	2	4
5	0.25	0.5	1	0.5	1	2	0.5	1	2	1	2	4
10	0.5	1	2	1	2	4	1	2	4	2	4	8

4. 三相电路的功率测量

（1）三瓦计法　三相负载所吸收的有功功率等于各相负载有功功率之和。在对称三相电路中，因各相负载所吸收的有功功率相等，所以可以只用一只单相功率表测出一相负载的有功功率，再乘以 3 即可；在不对称三相电路中，因各相负载所吸收的有功功率不等，就必须测出三相各自的有功功率，再相加即可。三瓦计法适用于三相四线制电路。三瓦计法是将三只功率表的电流回路分别串入三条线（A、B、C 线）中，电压回路的 * 端接在电流回路的 * 端，非 * 端共同接在中性线上，又称为三表法。三只功率表读数相加就等于待测的三相功率，如图 6-13 所示。

（2）二瓦计法　对于对称电路中的三相三线制电路，或者不对称三相电路中，因均是三相三线制电路，所以可以采用两只单相功率表来测量三相电路的总的有功功率，又称为二表法，接法如图 6-14 所示。两只功率表的电流回路分别串入任意两条线（图示为 A、B 线）中，电压回路的 * 端接在电流回路的 * 端，非 * 端共同接在第三相线上（图示为 C 线）。两只功率表读数的代数和等于待测的三相功率。

5. 三相电路无功功率的测量

（1）对称三相电路无功功率的测量

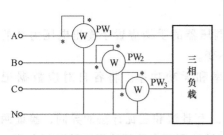

图 6-13 三表法测有功功率

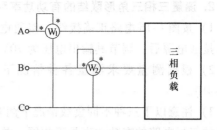

图 6-14 二表法测有功功率

1）一表跨相法：将功率表的电流回路串入任一相线（如 A 线）中，电压回路的 * 端接在按正相序的下一相（B 相）上，非 * 端接在下一相（C 相）上，将功率表读数乘以 $\sqrt{3}$ 即得对称三相电路的无功功率 Q。

2）二表跨相法：接法同一表跨相法，只是接完一只表，另一只表的电流回路要接在另外两条中任一条相线中，其电压回路接法同一表跨相法。将两只功率表的读数之和乘以 $\sqrt{3}/2$ 即得三相电路的无功功率 Q。

3）用测量有功功率的二瓦计法计算三相无功功率：按 $Q=\sqrt{3}(P_2-P_1)$ 算出。

（2）不对称三相电路无功功率的测量　三表跨相法：三只功率表的电流回路分别串入三个相线（A、B、C 线）中，电压回路接法同一表跨相法。最后按 $Q=(W_1+W_2+W_3)/\sqrt{3}$ 算出。

三表跨相法也可适用于三相四线制电路。

三、实验内容

1. 测量三相星形（无中性线）负载的有功功率和无功功率

1）按图 6-15 电路正确接线。接通电源前，各调压器的手柄应置于输出电压为 0 的位置，接通电源后，调节其输出电压为 120V，并维持不变。

2）根据测量要求测各种情况下的有功功率和无功功率。将各自对应数据记入表 6-2 中。

3）注意不同情况下测有功功率时二瓦计法和三瓦计法的异同，验证两者得出的三相电路的有功功率是否相同，并验证用二瓦计法和三表跨相法得出的三相电路无功功率是否相同。

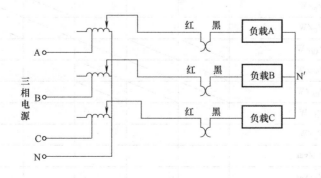

图 6-15　负载星形联结的功率测量

2. 测量三相三角形联结的有功功率和无功功率

1）按图 6-16 电路正确接线。接通电源前，各调压器的手柄应置于输出电压为 0 的位置，接通电源后，调节其输出电压为 70V，并维持不变。

2）根据测量要求测量各种情况下的有功功率和无功功率。将各自对应数据记入表 6-4 中。

3）注意以下三种不同负载情况下测有功功率时二瓦计法和三瓦计法的异同，验证两者得出的三相电路的有功功率是否相同，并验证用二瓦计法和三表跨相法得出的三相电路无功功率是否相同。

负载情况为以下三种：

1）对称电阻性负载：每相负载由三只 25W 灯泡并联组成。

2）对称感性负载：每相负载为 30W 镇流器一只。

3）不对称负载：AB 相负载为 3μF 的电容器，其余两相均为三只 25W 灯泡并联。

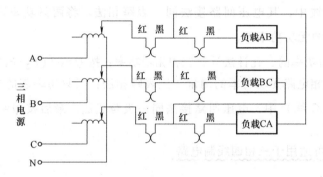

图 6-16 负载三角形联结的功率测量

表 6-4

数据 / 实验内容			负载星形联结(无中性线)			负载三角形联结		
			对称电阻性负载	对称感性负载	不对称电阻性负载	对称电阻性负载	对称感性负载	不对称电阻性负载
		电源相电压/V	120	120	120	70	70	70
测量	三瓦计法	P_A/W						
		P_B/W						
		P_C/W						
		P_{AB}/W						
		P_{BC}/W						
		P_{CA}/W						
	二瓦计法	P_1/W						
		P_2/W						
	三表跨相法	W_1/var						
		W_2/var						
		W_3/var						

(续)

数据 ＼ 实验内容	负载星形联结(无中性线)			负载三角形联结		
	对称电阻性负载	对称感性负载	不对称电阻性负载	对称电阻性负载	对称感性负载	不对称电阻性负载
计　$P=P_A+P_B+P_C/W$						
$P=P_{AB}+P_{BC}+P_{CA}/W$						
$P=P_1+P_2/W$						
算　$Q=(W_1+W_2+W_3)/\sqrt{3}/var$						
$Q=\sqrt{3}(P_2-P_1)/var$						

不对称负载星形联结的负载的相电压：$U_{AN'}=$ _____ ，$U_{BN'}=$ _____ ，$U_{CN'}=$ _____ 。

四、实验设备（表6-5）

表 6-5　实验设备

序号	仪表设备名称	数量	备注
1	自耦调压器	1	
2	灯排箱、电容	1	
3	30W 镇流器	3	
4	交流电压表	1	
5	交流电流表	1	
6	电流表插座	2	
7	电流表插头	2	

五、注意事项

1）每次更换负载时，调压器的输出电压应回到零，然后切断电源。调节调压器输出电压时采用三相联调。

2）实验过程中避免实验用线搭在灯泡上。

3）在测量有功功率和无功功率时，功率表的电压回路均应接在前面。

4）因只用一只功率表来测量，故在接线时电流表插座的红接线柱接在电源端，电流表插头的红导线接在功率表电流回路的 * 端。

5）负载不对称时，负载较小的一相相电压会超过灯泡额定值，注意时间不能过长。

六、实验报告要求

1）列出所有实验数据表格。

2）根据实验数据验证三相三线制电路中，$P_1+P_2=P_A+P_B+P_C$。

3）对称三相电路中，验证用 $\sqrt{3}(P_2-P_1)=Q$ 计算所得与用三表跨相法测得的 $Q=(W_1+W_2+W_3)/\sqrt{3}$ 是一致的。

习 题

1. 对称三相电源有哪些特点？

2. 三相电源作星形（Y）联结或三角形（△）联结时相电压和线电压有何关系？对称三相电动势三角形（△）联结时，A 相的瞬时值 $e_A = 300\sin(\omega t + 30°)\text{V}$。

① 写出其他两相电动势的瞬时值表达式、相量表达式；

② 画出相量图。

3. 三相负载接在三相电路中，若为星形联结时各相负载额定电压与电源的线电压有何关系？若为三角形联结时各相负载额定电压与电源的线电压又有何关系？

4. 三相三线制与三相四线制有何区别？

5. 一个三相四线制供电网络中，若相电压为 220V，线电压为多少伏？

6. 已知一组三相对称负载，每相负载的电阻 $R = 8\Omega$，感抗 $X_L = 6\Omega$，接在线电压为 380V 的对称三相电源上，求负载分别为星形联结和三角形联结时各相负载的相电流与线电流、相电压与线电压、三相有功功率、无功功率、视在功率。

7. 线电压为 380V 的三相电源上接有一对称三角形联结的负载，每相负载阻抗为 $Z = 36.7\angle 37°\Omega$，试求相电流、线电流、三相功率。

8. 对称三相感性负载接在对称线电压 380V 上，测得输入线电流为 12.1A，输入功率为 5.5kW，求功率因数和无功功率。

9. 如图 6-17 所示，对称 Y-Y（图中未画出电源部分）三相电路，电源相电压为 220V，负载阻抗 $Z = (30 + j20)\ \Omega$，求：

（1）图中电流表的读数；

（2）三相负载吸收的功率；

（3）如果 A 相的负载阻抗等于零（其他不变），再求（1）、（2）。

10. 如图 6-18 所示的三相对称负载，每相负载的电阻 $R = 6\Omega$，感抗 $X_L = 8\Omega$，接入 380V 三相三线制电源，试比较星形联结和三角形联结时三相负载总的有功功率。

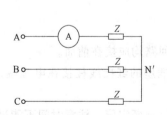

图 6-17　第 9 题图

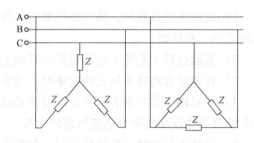

图 6-18　第 10 题图

第七章 磁与电磁

第一节 磁路与磁场

一、磁路的基本概念

在电磁器件中，例如变压器、电机、接触器、继电器及电工仪表等都是借助磁场实现能量转换的，而磁场一般是线圈通以电流产生的，为了充分有效地利用磁场能量，且以较小励磁电流产生较强的磁场，通常把线圈绕在由高导磁性能铁磁材料制成的一定形状的铁心上面，当线圈通以电流时，磁场的磁通集中通过铁心而形成闭合回路，这种磁通集中通过的路径被称作磁路。

图 7-1a 所示的电磁铁由励磁绕组（线圈）、静铁心和动铁心（衔铁）三个基本部分组成。当励磁绕组通入电流 I 时，磁场磁通绝大部分通过铁心、衔铁及其间的空气隙而形成闭合的磁路，这部分磁通 Φ 称为主磁通。但也有极小部分磁通在铁心以外通过大气形成闭合回路，称 Φ_σ 为漏磁通。

磁路根据闭合路径有无分支分为有分支磁路和无分支磁路两种，如图 7-1 所示，其中图 7-1a 为无分支磁路，图 7-1b 为有分支磁路。

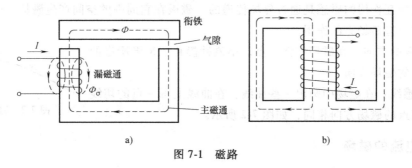

图 7-1 磁路

二、磁路的欧姆定律

1. 磁动势

线圈产生磁场，磁通随线圈匝数和所通过的电流的增大而增加。把通过线圈的电流 $I(\text{A})$ 和线圈匝数 N 的乘积称为磁动势，磁动势用 E_{m} 来表示，单位为安培（A），有

$$E_{\text{m}} = IN \tag{7-1}$$

2. 磁阻

磁通通过磁路时所受到的阻碍作用，称为磁阻，用 R_{m} 来表示，单位为 1/亨（1/H）。

磁阻与一段导线的电阻相似，公式为

$$R_{m} = \frac{l}{\mu S} \tag{7-2}$$

式中，l 为磁路长度（m）；S 为磁路横截面积（m^2）；μ 为磁导率（H/m）；R_{m} 为磁阻（1/H）。

3. 磁路的欧姆定律

设一段磁路的长度为 l，横截面积为 S，由磁导率为 μ 的材料制成，则该段磁路的磁动势为

$$E_{m} = Hl = \frac{B}{\mu} l = \Phi \frac{l}{\mu S} = \Phi R_{m} \tag{7-3}$$

式（7-3）与电路中的欧姆定律相似，称其为磁路的欧姆定律。由于铁磁材料的磁导率 μ 不是常数，其构成的磁路是一种非线性变化的，所以在一般情况下，式（7-3）不能用来对磁路进行计算。但常用它来对磁路进行定性的分析。电路与磁路的对应关系见表 7-1。

表 7-1　电路与磁路的对应关系

电路	磁路
电流 I	磁通 Φ
电阻 $R = \rho l / S$	磁通 $R_{m} = l / (\mu S)$
电阻率 ρ	磁导率 μ
电动势 E	磁动势 $E_{m} = IN$
电路欧姆定律 $I = E / R$	磁路欧姆定律 $\Phi = E_{m} / R_{m}$

三、磁场与磁感线

磁极间相互作用的磁感是通过磁场传递的。磁极在它周围的空间产生磁场，磁场对处在它里面的磁极有磁场力的作用。

1）磁场的方向：在磁场中任一点，小磁针静止，N 极所指的方向为该点的磁场方向。

2）磁感线：在磁场中画出一些曲线，在曲线上每一点的切线方向都与该点的磁场方向相同，如图 7-2 所示。

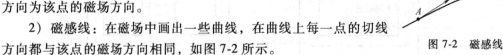

图 7-2　磁感线

四、电流的磁场

1. 直线电流的磁场

电流的方向与它的磁感线方向之间的关系用安培定则判定，如图 7-3 所示。

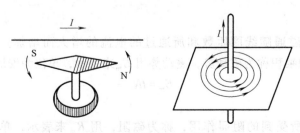

图 7-3　直线电流的磁场

2. 环形电流的磁场

电流方向与磁感线方向之间的关系，用安培定则判定，如图7-4所示。

3. 通电螺线管的磁场

电流方向与磁感线方向之间的关系用安培定则判定，如图7-5所示。

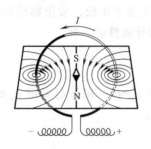

图7-4 环形电流的磁场

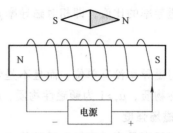

图7-5 通电螺线管的磁场

五、磁场的主要物理量

1. 磁感应强度

它是表示磁场强弱的物理量，是一个矢量，用 B 来表示。若在磁场中的一点垂直于磁场方向放置一段长度为 l、通有电流 I 的导体，其受到的电磁力为 F，则该点磁感应强度的大小为

$$B = \frac{F}{Il} \tag{7-4}$$

式中，B 为磁感应强度（T）；F 为电磁力（N）；I 为电流（A）；l 为导体长度（m）。

磁感应强度 B 可用高斯计测量，用磁感线的疏密可形象地表示磁感应强度的大小。该点磁感应强度的方向就是放置在这点的小磁针 N 极所指的方向，也即磁场的方向。

匀强磁场：在磁场的某一区域，若磁感应强度的大小和方向都相同，这个区域叫作匀强磁场。

2. 磁通

某一面积 S 的磁感应强度 B 的通量称为磁通 Φ，表达式为

$$\Phi = \int_S B dS \tag{7-5}$$

式中，dS 的方向为该面积元的法线 n 的方向，若磁场均匀且磁场方向垂直于 S 面，则

$$\Phi = BS \tag{7-6}$$

在国际单位制中，Φ 的单位是韦伯（Wb）。

$B=\dfrac{\Phi}{S}$；B 可看作单位面积的磁通，叫作磁通密度。

3. 磁导率

磁导率 μ 是表示媒介质导磁性能的物理量。在国际单位制中，μ 的单位是亨/米（H/m）。真空中的磁导率：$\mu_0=4\pi\times10^{-7}$ H/m。工程上为了便于比较，常用物质的磁导率与真空中磁导率的比值，即相对磁导率 μ_r 来表示各种物质的导磁性能，即

$$\mu_r=\dfrac{\mu}{\mu_0} \tag{7-7}$$

相对磁导率没有单位，而且不是常数，非磁性材料的 $\mu_r\approx1$；磁性材料的 $\mu_r\geqslant1$。$\mu_r<1$ 为反磁性物质，$\mu_r>1$ 为顺磁性物质，$\mu_r\gg1$ 为铁磁性物质。

4. 磁场强度

磁场强度是表示磁场性质的物理量，用 H 来表示，其大小与磁场内的介质无关，单位为安/米（A/m）。磁场强度是矢量，方向和磁感应强度的方向一致，其表达式为

$$H=\dfrac{B}{\mu}\ 或\ B=\mu H=\mu_0\mu_r H \tag{7-8}$$

六、磁场对通电导体的作用力

1. 力的大小

1）当电流方向与磁场方向垂直时，如图 7-6a 所示，有

$$F=BIl \tag{7-9}$$

式中　F——通电导体受到的电磁力（N）；

　　　B——磁场的磁感应强度（T）；

　　　I——导体中的电流（A）；

　　　l——导体在磁场中的有效长度（m）。本公式适用于：一小段通电导线；均强磁场。

2）若电流方向与磁场方向平行，则 $F=0$，如图 7-6b 所示。

3）若电流方向与磁场方向间有一夹角 α，如图 7-6c 所示。则

$$B_1=B\cos\alpha；B_2=B\sin\alpha \tag{7-10}$$

$$F=BIl\sin\alpha \tag{7-11}$$

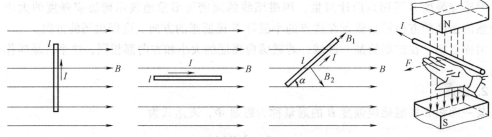

a) 电流方向与磁感线方向垂直　b) 电流方向与磁感线方向平行　c) 电流方向与磁感线方向成α角　d) 右手定则

图 7-6　磁场对载流直导体的作用及力方向判断

2. 力的方向——用左手定则判定

左手定则：伸出左手，使大拇指跟其余四个手指垂直，并且都跟手掌在一个平面内，让

磁感线垂直穿过手心，并使四指指向电流方向，这时，大拇指所指的方向就是通电导体在磁场中受力的方向，如图 7-6d 所示。

> **想一想：**
>
> 当 θ 为多少度时，电磁力最大？
>
> 当 θ 为多少度时，电磁力最小？

【**例 7-1**】 一根通电矩形线圈 abcd 放在磁场中，图 7-7 中已分别表明电流、磁感应强度和磁场对电流的作用力这三个物理量中两个量的方向，试标出第三个物理量的方向（图中已给出答案，读者可自行对照分析）。

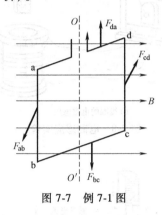

图 7-7 例 7-1 图

第二节 电磁感应

现代社会，工农业生产和日常生活中都离不开电能，而我们使用的电能是如何产生的？交流发电机是电能生产的关键部件，而交流发电机就是利用电磁感应原理来发出交流电的。

在图 7-8a 所示的匀强磁场中，放置一根长度为 l 的导线 AB，导线 AB 的两端分别与灵敏电流计的两个接线柱相连接，形成闭合回路。当导线 AB 在磁场中垂直磁感线方向运动时，电流计指针就会发生偏转，表明产生感应电动势并产生了感应电流。如图 7-8b 所示，将磁铁插入线圈，或从线圈抽出时，同样也会产生感应电流。

也就是说，只要与导线或线圈交链的磁通发生变化（包括方向、大小的变化），就会在导线或线圈中产生感应电动势，当感应电动势与外电路相接、形成闭合回路时，回路中就有电流通过。这种现象称为电磁感应。

如果导线在磁场中，以速度 v 做切割磁感线运动时，就会在导线中感应电动势 E。其大小为 $E=Blv$，当导线运动方向与导线本身垂直，而与磁感线方向成一定角度 θ 时，导线切割磁感线产生的感应电动势 E 的大小为

$$E = Blv\sin\theta \tag{7-12}$$

感应电动势的方向可用右手定则判定：伸开右手，让拇指与其余四指垂直，让磁感线垂直穿过手心，拇指指向导体的运动方向，四指所指的就是感应电动势的方向，如图 7-9a 所示。

如图 7-9 所示，将磁铁插入线圈，或从线圈抽出时，线圈中将产生感应电流，而感应电

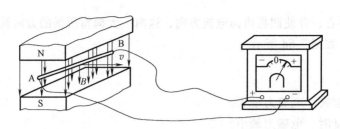

a) 直导线的电磁感应

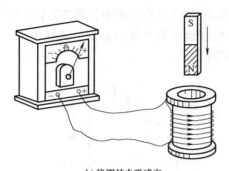

b) 线圈的电磁感应

图 7-8　电磁感应实验

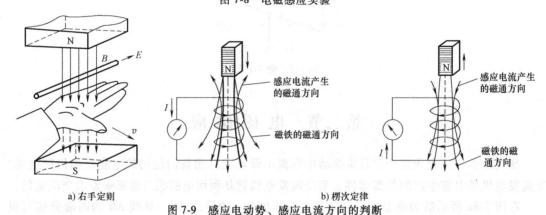

a) 右手定则　　　　　　　　　　　　　b) 楞次定律

图 7-9　感应电动势、感应电流方向的判断

流产生的磁通总是阻碍线圈中原磁通的变化。

>> **想一想:**

如果将一个线圈按图 7-10 所示,放置在磁铁中,让其在磁场中做切割磁感线运动,试判断线圈中产生的感应电动势的方向,并分析由此可以得出什么结论。

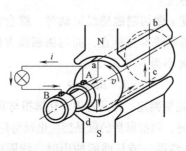

图 7-10　判断线圈中的感应电动势方向示意图

第三节 自感和互感

一、自感

自感现象是电磁感应现象中的一种特殊情形。由于流过线圈本身电流变化引起感应电动势的现象，称为自感现象。这个感应电动势称为自感电动势。

当电流流过回路时，在回路内要产生磁通，此磁通称为自感磁通，用符号 Φ_L 表示。当电流流过匝数为 N 的线圈时，线圈的每一匝都有自感磁通穿过，如果穿过线圈每一匝的磁通都一样，那么，这个线圈的自感磁链为

$$\Psi_L = N\Phi_L \qquad (7\text{-}13)$$

为了表明各个线圈产生自感磁链的能力，将线圈的自感磁链与电流的比值叫作线圈（或回路）的自感系数（或叫自感量），简称电感，单位为亨利（简称为亨，符号为 H），用符号 L 表示，即

$$L = \frac{\Psi_L}{I} \qquad (7\text{-}14)$$

根据法拉第电磁感应定律，可以写出自感电动势的表达式为

$$e_L = \frac{\Delta\psi}{\Delta t} \qquad (7\text{-}15)$$

将 $\Psi_L = LI$ 代入式（7-15），得 $e_L = \dfrac{\Psi_{L2} - \Psi_{L1}}{\Delta t} = \dfrac{LI_2 - LI_1}{\Delta t}$，即

$$e_L = L\frac{\Delta I}{\Delta t} \qquad (7\text{-}16)$$

二、自感现象的应用与危害

自感现象在各种电器设备和无线电技术中有广泛的应用，荧光灯的镇流器就是利用线圈自感现象的一个例子。

在大型电动机的定子绕组中，定子绕组的自感系数很大，而且定子绕组中流过的电流又很强，在电路被切断的瞬间，由于电流在很短的时间内发生很大的变化，会产生很高的自感电动势，在断开处形成电弧，这不仅会烧坏开关，甚至会危及工作人员的安全。因此，切断这类电路时必须采用特制的安全开关。

三、互感

1. 互感现象

由一个线圈流过电流所产生的磁通穿过另一个线圈的现象，叫作磁耦合。由于此线圈电流变化引起另一线圈产生感应电动势的现象，称为互感现象。产生的感应电动势叫作互感电动势。

2. 互感系数

在两个有磁耦合的线圈中，互感磁链与产生此磁链的电流比值，叫作这两个线圈的互感

系数（或互感量），简称互感，用符号 M 表示，即

$$M = \frac{\Psi_{21}}{i_1} = \frac{\Psi_{12}}{i_2} \qquad (7\text{-}17)$$

互感系数的单位和自感系数一样，也是 H。互感系数取决于两个耦合线圈的几何尺寸、匝数、相对位置和磁介质。当磁介质为非铁磁性物质时，M 是常数。工程上常用耦合系数表示两个线圈磁耦合的紧密程度，耦合系数定义为 $k = \dfrac{M}{\sqrt{L_1 L_2}}$，显然，$k \leq 1$。当 k 近似为 1 时，为强耦合；当 k 接近于零时，为弱耦合；当 $k = 1$ 时，称两个线圈为全耦合，此时自感磁通全部为互感磁通。

3. 互感电动势

在图 7-11a 中，当线圈 Ⅰ 中的电流变化时，在线圈 Ⅱ 中产生变化的互感磁链 Ψ_{21}，而 Ψ_{21} 的变化将在线圈 Ⅱ 中产生互感电动势 e_{M2}。如果选择电流 i_1 与 Ψ_{21} 的参考方向以及 e_{M2} 与 Ψ_{21} 的参考方向都符合右手螺旋定则，根据电磁感应定律，得

$$e_{M2} = \frac{\Delta \Psi_{21}}{\Delta t} = M \frac{\Delta i_1}{\Delta t} \qquad (7\text{-}18)$$

同理，在图 7-11b 中，当线圈 Ⅱ 中的电流 i_2 变化时，在线圈 Ⅰ 中也会产生互感电动势 e_{M1}，当 i_2 与 Ψ_{12} 以及 Ψ_{12} 与 e_{M1} 的参考方向均符合右手螺旋定则，则有

$$e_{M1} = \frac{\Delta \Psi_{12}}{\Delta t} = M \frac{\Delta i_2}{\Delta t} \qquad (7\text{-}19)$$

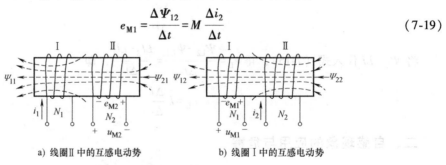

a) 线圈Ⅱ中的互感电动势　　　　b) 线圈Ⅰ中的互感电动势

图 7-11　线圈中的互感电动势

第四节　互感电压与同名端的判定

一、互感线圈的同名端

当两个线圈通入电流，所产生的磁通方向相同时，两个线圈的电流流入端称为同名端（又称同极性端）用符号 "·" 标记，反之为异名端。

【例 7-2】　电路如图 7-12 所示，试判断同名端（图中已给出答案，读者也可自行对照分析）。

解：根据同名端的定义，图 7-12a 中，从左边线圈的端点 "2" 通入电流，由右手螺旋定则判定磁通方向指向左边；右边两个线圈中通过的电流要产生相同方向的磁通，则电流必须从端点 "4"、端点 "5" 流入，因此判定 2、4、5 为同名端，1、3、6 也为同名端。同理在图 7-12b 中 1、4 为同名端，2、3 也为同名端。

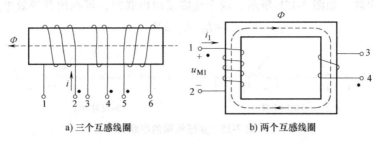

a) 三个互感线圈　　　　　b) 两个互感线圈

图 7-12　例 7-2 图

二、同名端的实验测定

1. 直流判别法

依据同名端定义以及互感电动势参考方向标注原则来判定。如图 7-13 所示，两个耦合线圈的绕向未知，当开关 S 合上的瞬间，电流从 1 端流入，此时若电压表指针正偏转，说明 3 端电压为正极性，因此 1、3 端为同名端；若电压表指针反偏，说明 4 端电压正极性，则 1、4 端为同名端。

2. 交流判别法

如图 7-14 所示，将两个线圈各取一个接线端连接在一起，如图中的 2 和 4。在一个线圈上加一个较低的交流电压，再用交流电压表分别测量各值，如果测量结果为 $U_{13} = U_{12} - U_{34}$，则说明绕组为反极性串联，故 1 和 3 为同名端；否则 1 和 4 为同名端。

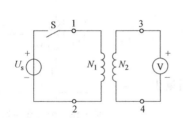

图 7-13　直流法判定绕组同名端

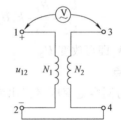

图 7-14　交流法判定绕组同名端

三、具有互感的线圈串联

将两个有互感的线圈串联起来有两种不同的连接方式：①顺向串联：将两个线圈的异名端相连接；②反向串联：将两个线圈的同名端相连接。

（1）顺向串联　如图 7-15a 所示，两个线圈顺向串联，设电流从端点 1 经过 2、3 流向端点 4，并且电流是减小的，则在两个线圈中出现四个感应电动势；两个自感电动势 e_{L1}、e_{L2}（与电流同方向）和两个互感电动势 e_{M1}、e_{M2}（与自感电动势同方向），总的感应电动势为这四个感应电动势之和，即

$$e = e_{L1} + e_{L2} + e_{M1} + e_{M2} = (L_1 + L_2 + 2M)\frac{\Delta i}{\Delta t}$$

故顺向串联的等效电感为

$$L = L_1 + L_2 + 2M$$

（2）反向串联　如图 7-15b 所示，两个线圈反向串联时，可推出其等效电感为

$$L = L_1 + L_2 - 2M$$

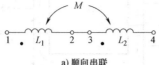
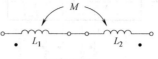

a) 顺向串联　　　　　　　　　b) 反向串联

图 7-15　互感线圈的串联

由上述分析可见，当互感线圈顺向串联时，等效电感增加；反向串联时，等效电感减少，有削弱电感的作用。

第五节　空心变压器

一、耦合变压器（调压变压器）

1. 结构特点
变压器一次、二次绕组有一部分是共用的，如图 7-16 所示。

2. 作用
连续改变输出电压。

3. 分析

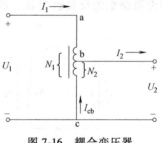

$$\frac{U_1}{U_2} \approx \frac{N_1}{N_2} = k，U_2 = \frac{N_2}{N_1}U_1$$

即改变 N_2 即可改变 U_2。

4. 优缺点
优点：与同容量变压器相比重量轻、体积小、用铜量少、效率高。

图 7-16　耦合变压器

$$\frac{I_1}{I_2} \approx \frac{N_2}{N_1} = \frac{1}{k}；I_1 \approx \frac{1}{k}I_2$$

所以

$$I_{cb} = I_2 - I_1 = I_2 - \frac{1}{k}I_2 = I_2\left(1 - \frac{1}{k}\right)$$

$$I_{cb} < I_2$$

缺点：用铜量减少，但高低压绕组存在着电气上的联系，所以它不能作为安全变压器。

二、多绕组变压器

1. 结构特点
一次或二次都可能有多个绕组。

2. 作用
可同时输出几个不同的电压。

3. 分析

$$\frac{U_1}{U_2} \approx \frac{N_1}{N_2}, \frac{U_1}{U_3} \approx \frac{N_1}{N_3}$$

$$P_1 = \frac{P_2 + P_3 + \cdots}{\eta}$$

$$I_1 = \frac{P_1}{U_1 \cos\varphi_1}$$

三、互感器

1. 电压互感器

在高压交流电路中须用电压互感器将高压转换成一定数值的低压（一般为 100V），以供测量、继电保护即电路指示之用。电压互感器的结构如图 7-17 所示。

1）结构特点：$N_1 \gg N_2$。

2）作用：测量高电压。

3）分析：

$$\frac{U_1}{U_2} \approx \frac{N_1}{N_2} = k \gg 1$$

$$U_1 = kU_2 \qquad\qquad (7\text{-}20)$$

只要适当选择变压比，就能从二次的电压表上间接地读出高压侧的电压值。如图 7-17 配以专用的电压互感器，电压表的刻度可以按高压侧的电压值表示，这样可以直接从电压表上读出高压侧的电压值。

4）注意：

二次绕组不能短路（配套一只电压表），二次绕组和铁心要可靠接地。

2. 电流互感器

电流互感器用来测量交流大电流或进行交流电压下电流的测量。它的结构与普通变压器相似，如图 7-18 所示，它的特点是一次绕组的导线较粗、匝数少（甚至只有一匝），使用时一次绕组与被测电路串联；二次绕组的导线较细、匝数多，使用中规定与专用的 5A 或 1A 电流表相接。

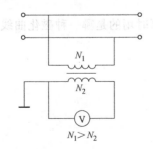

图 7-17　电压互感器

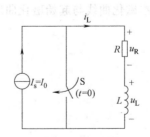

图 7-18　电流互感器

1）结构特点：$N_1 \ll N_2$。

2）作用：测量大电流。

3）分析：

$$\frac{I_1}{I_2} \approx \frac{N_2}{N_1} = \frac{1}{k}, k \ll 1$$

所以

$$I_1 \approx \frac{1}{K} I_2 \tag{7-21}$$

4）注意：

二次绕组不能开路（配套一只电流表）；二次绕组和铁心要可靠接地。

四、三相变压器

现代电力系统中的电能输送和分配普遍采用三相制。因此三相电压的变换在电力系统中占据特别重要的地位。变换三相电压，可以用等容量、同电压比的三台单相变压器组合成的三相变压器来实现，也可用一台三铁心柱式的三相变压器来完成，但前者适用于大容量的变换。三相变压器实际上就是三个相同的单相变压器的组合。

1）结构特点：每个铁心柱上绕着同一相的一次和二次绕组。

2）作用：改变三相交流电的电压。

3）根据三相电源和负载情况，一次、二次绕组既可接成星形，又可接成三角形。

习　题

1. 电动机和变压器的磁路常采用什么材料制成，这种材料有哪些主要特性？

2. 什么是软磁材料？什么是硬磁材料？

3. 请说明磁路和电路的不同点。

4. 请说明直流磁路和交流磁路的不同点。

5. 在图 7-19 中，当给线圈外加正弦电压 u_1 时，线圈内为什么会感应出电动势？当电流 i_1 增加和减小时，分别算出感应电动势的实际方向。

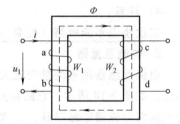

6. 变压器的同名端如何判断？

7. 请以实例描述电磁感应现象。

8. 请以实例描述自感现象。

图 7-19　第 5 题图

9. 基本磁化曲线与起始磁化曲线有何区别？磁路计算时用的是哪一种磁化曲线？

第八章 非正弦周期电路

第一节 非正弦周期信号及其分解

一、非正弦周期信号

前几章讨论的都是正弦交流电路，电路的激励、响应都随时间按正弦规律变化。但是在实际工程中还存在许多不按正弦规律变化的电压、电流等信号。电路中产生非正弦周期电压、电流信号的原因主要来自电源和负载两方面，例如，交流发电机受内部磁场分布结构等因素的影响，输出的电压并不是理想的正弦量；再如当几个频率不同的正弦激励同时作用于线性电路时，电路中的电压、电流响应就不是正弦量。

图 8-1 画出了 $u_1 = U_{1m}\sin\omega t$ 和 $u_2 = U_{2m}\sin3\omega t$ 相加后得到的电压 $u = u_1 + u_2$，显然是非正弦的；当电路中存在非线性元件时，即使是正弦激励，电路的响应也是非正弦的，如正弦交流电压经二极管整流后电路中就得到非正弦电流信号；在自动控制、电子计算机等技术领域大量被应用到脉冲电路中，电压、电流也都是非正弦的，图 8-2a、b、c 分别绘出了常见的尖脉冲、矩形脉冲和锯齿波等非正弦周期电信号，这些信

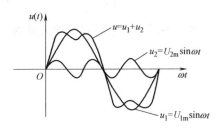

图 8-1 两个不同频率正弦波的叠加

号作为激励施加到线性电路上，必将导致电路中产生非正弦的周期电压、电流。

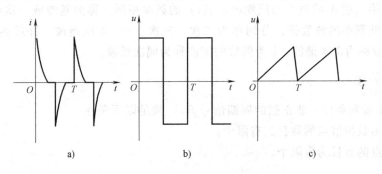

图 8-2 几种常见非正弦周期信号

非正弦信号可分为周期和非周期的，图 8-2 中的几种非正弦量都是周期变化的。含有周期性非正弦量的电路称为非正弦周期电路，简称非正弦电路。本章仅讨论线性非正弦周期电路。

二、非正弦周期信号的分解

一个非正弦的周期信号 $f(t)$ 满足狄里赫利条件，就可以分解为一个收敛的无穷三角级数，即傅里叶级数。电工技术中所遇到的周期函数一般都满足这个条件，都可以分解为傅里叶级数。

设周期函数 $f(t)$ 的周期为 T，角频率 $\omega = \dfrac{2\pi}{T}$，则 $f(t)$ 的傅里叶级数展开式为

$$f(t) = A_0 + A_{1m}\sin(\omega t + \psi_1) + A_{2m}\sin(\omega t + \psi_2) + \cdots + A_{km}\sin(k\omega t + \psi_k) + \cdots$$

$$= A_0 + \sum_{k=1}^{\infty} A_{km}\sin(k\omega t + \psi_k) \tag{8-1}$$

用三角公式展开，式 (8-1) 又可以写成

$$f(t) = a_0 + (a_1\cos\omega t + b_1\sin\omega t) + (a_2\cos2\omega t + b_2\sin2\omega t) +$$

$$\cdots + (a_k\cos k\omega t + b_k\sin k\omega t) + \cdots$$

$$= a_0 + \sum_{k=1}^{\infty} (a_k\cos k\omega t + b_k\sin k\omega t) \tag{8-2}$$

式中，a_0、a_k、b_k 为傅里叶系数，可按下面各式求得

$$a_0 = \frac{1}{T}\int_{-\frac{T}{2}}^{\frac{T}{2}} f(t)\,\mathrm{d}t, \quad a_k = \frac{2}{T}\int_{-\frac{T}{2}}^{\frac{T}{2}} f(t)\cos k\omega t\,\mathrm{d}t, \quad b_k = \frac{2}{T}\int_{-\frac{T}{2}}^{\frac{T}{2}} f(t)\sin k\omega t\,\mathrm{d}t \tag{8-3}$$

式 (8-1) 与式 (8-2) 的关系为

$$\left.\begin{array}{l} A_0 = a_0 \\[2mm] A_{km} = \sqrt{a_k^2 + b_k^2} \\[2mm] \psi_k = \arctan\dfrac{a_k}{b_k} \end{array}\right\} \tag{8-4}$$

可见要将一个周期函数分解为傅里叶级数，实质上就是计算傅里叶系数 a_0、a_k、b_k。

式 (8-1) 中，A_0 是不随时间变化的常数，称为 $f(t)$ 的恒定分量或直流分量，有时也称为零次谐波。第二项 A_1 的频率与周期函数 $f(t)$ 的频率相同，称为基波或一次谐波；其余各项的频率为基波频率的整数倍，分别称为二次、三次、$\cdots$、k 次谐波，并统称为高次谐波。k 为奇数的谐波称为奇次谐波；k 为偶数的谐波称为偶次谐波。

>> 小知识：

何为狄里赫利条件？非正弦的周期信号 $f(t)$ 满足以下条件：

① 周期函数极值点的数目为有限个。

② 间断点的数目为有限个。

③ 在一个周期内绝对可积，即 $\displaystyle\int_0^T |f(t)|\,\mathrm{d}t < \infty$。

将周期函数分解为一系列谐波的傅里叶级数，称为谐波分析。工程中，常采用查表的方法得到周期函数的傅里叶级数。电工技术中常见的几种周期函数波形及其傅里叶级数展开式见表 8-1。

表 8-1　几种典型周期函数的傅里叶级数

名称	波形	傅里叶级数
三角形波	$f(t)$ 波形图	$f(\omega t)=\dfrac{8A}{\pi}\left(\sin\omega t-\dfrac{1}{3^2}\sin3\omega t+\dfrac{1}{5^2}\sin5\omega t-\dfrac{1}{7^2}\sin7\omega t+\cdots\right)$
矩形波	$f(t)$ 波形图	$f(\omega t)=\dfrac{4A}{\pi}\left(\sin\omega t+\dfrac{1}{3}\sin3\omega t+\dfrac{1}{5}\sin5\omega t+\cdots\right.$ $\left.+\dfrac{1}{k}\sin k\omega t\right)$, k 为奇数
单相半波整流波	$f(t)$ 波形图	$f(\omega t)=\dfrac{A}{\pi}-A\left(\dfrac{1}{2}\sin\omega t-\dfrac{1}{1\times3\pi}\cos2\omega t-\dfrac{2}{3\times5\pi}\cos4\omega t-\cdots\right)$
单相全波整流波	$f(t)$ 波形图	$f(\omega t)=\dfrac{2A}{\pi}\left(1-\dfrac{2}{1\times3}\cos2\omega t-\dfrac{2}{3\times5}\cos4\omega t-\dfrac{5}{5\times7}\cos6\omega t-\cdots\right)$
锯齿波	$f(t)$ 波形图	$f(\omega t)=A\left[\dfrac{1}{2}-\dfrac{1}{\pi}\left(\sin\omega t+\dfrac{1}{2}\sin2\omega t+\dfrac{1}{3}\sin3\omega t+\cdots\right)\right]$

三、非正弦周期信号的合成

实际电路分析中，任何非正弦周期量都可以分解成许多不同频率的正弦交流量，如图 8-3 所示为矩形波信号的合成过程。

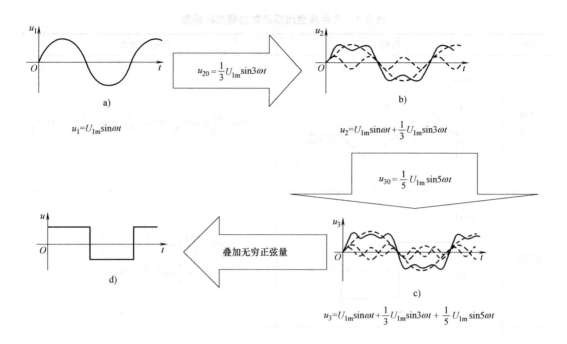

图 8-3　矩形波信号的合成

第二节　非正弦周期信号的有效值、平均值和平均功率

一、有效值

如果一个非正弦周期电流经过电阻 R 时，电阻上产生的热量与一个直流电流 I 流过同一电阻 R 时，在同样时间内所产生的热量相同，则该直流电流的数值 I，叫作该非正弦周期 i 的有效值。

任何周期信号的有效值都等于它的方均根值。以电流 i 为例，其有效值为

$$I = \sqrt{\frac{1}{T} \int_0^T i^2(t)\, \mathrm{d}t} \tag{8-5}$$

设非正弦周期信号为

$$\left. \begin{aligned} i &= I_0 + \sum_{k=1}^{\infty} \sqrt{2} I_k \sin(k\omega t + \varphi_k) \\ u &= U_0 + \sum_{k=1}^{\infty} \sqrt{2} U_k \sin(k\omega t + \varphi_k) \end{aligned} \right\} \tag{8-6}$$

则式（8-5）得

$$I = \sqrt{\frac{1}{T} \int_0^T i^2(t)\, \mathrm{d}t} = \sqrt{\frac{1}{T} \int_0^T \left[I_0 + \sum_{k=1}^{\infty} I_{km} \sin(k\omega t + \varphi_k) \right]^2 \mathrm{d}t} \tag{8-7}$$

根据三角函数的正交性可以求得

$$I = \sqrt{I_1^2 + I_2^2 + \cdots + I_k^2 + \cdots} \qquad (8-8)$$

同理，非正弦周期电压有效值 U 也为

$$U = \sqrt{U_1^2 + U_2^2 + \cdots + U_k^2 + \cdots} \qquad (8-9)$$

结论：

1）非正弦周期电流或电压信号的有效值等于它的各次谐波分量（包括零次谐波）的有效值的二次方和的二次方根。

2）零次谐波的有效值就是恒定分量的值，其他各次谐波有效值与最大值的关系为 $I_k = \dfrac{1}{\sqrt{2}} I_{km}$，$U_k = \dfrac{1}{\sqrt{2}} U_{km}$。

二、平均值

正弦周期量的平均值定义为一个周期内非正弦周期信号绝对值的平均值，称为该非正弦周期量的平均值。仍以电流 i 为例，用 I_{av} 表示其平均值，定义为

$$I_{av} = \frac{1}{T} \int_0^T i \, dt \qquad (8-10)$$

由此可知，交流量的平均值实际上就是其傅里叶展开式中的直流分量。对于那些直流分量为零的交流量，其平均值总是为零。为了便于测量与分析（如整流效果），常用交流量的绝对值在一个周期内的平均值来定义交流量的平均值，也称绝对平均值或整流平均值，即

$$I_{av} = \frac{1}{T} \int_0^T |i| \, dt \qquad U_{av} = \frac{1}{T} \int_0^T |u| \, dt \qquad (8-11)$$

非正弦交流电有效值与整流平均值的比值定义为波形系数，即

$$k_f = \frac{I}{I_{av}} \qquad (8-12)$$

将最大值（峰值）I_m 与有效值的比值称为波顶系数，即

$$k_p = \frac{I_m}{I_{av}} \qquad (8-13)$$

【例 8-1】 已知三角波的 $U_m = 100V$，求有效值和平均值。

解：三角波的函数表达式为

$$u(t) = \frac{8}{\pi^2} U_m \left(\sin\omega t - \frac{1}{9}\sin3\omega t + \frac{1}{25}\sin5\omega t + \frac{1}{49}\sin7\omega t + \cdots \right)$$

故各次谐波的有效值为

$$U_1 = \frac{8U_m}{\pi^2} \frac{1}{\sqrt{2}}, \; U_3 = \frac{8U_m}{\pi^2} \frac{1}{9} \frac{1}{\sqrt{2}}, \; U_5 = \frac{8U_m}{\pi^2} \frac{1}{25} \frac{1}{\sqrt{2}}$$

三角波的有效值为

$$U_1 = \frac{8U_m}{\pi^2\sqrt{2}} \sqrt{1^2 + \left(\frac{1}{9}\right)^2 + \left(\frac{1}{25}\right)^2 + \cdots} = \frac{800V}{\pi^2\sqrt{2}} \sqrt{1 + \frac{1}{81} + \frac{1}{625} + \cdots} = 57.7V$$

平均值为

第八章 非正弦周期电路

$$U_{av} = \frac{2}{T}\int_0^{T/2} \mid u(t) \mid \mathrm{d}t = \frac{4}{T}\int_0^{T/4} \mid 100 \times \frac{t}{T/4} \mid \mathrm{d}t\mathrm{V} = 50\ \mathrm{V}$$

三、平均功率

非正弦电流电路的平均功率定义为 $P = \frac{1}{T}\int_0^T p(t)\mathrm{d}t$。式中，$p(t)$ 为瞬时功率。若电路中电压 $u(t)$、电流 $i(t)$ 的傅里叶级数分别为

$$u(t) = U_0 + \sum_{k=1}^{\infty}\sqrt{2}U_{km}\sin(k\omega t + \psi_{uk})$$

$$i(t) = I_0 + \sum_{k=1}^{\infty}\sqrt{2}I_{km}\sin(k\omega t + \psi_{ik})$$

式中，ψ_{uk}、ψ_{ik} 为 k 次谐波电压、电流的初相。设 $\varphi_k = \psi_{uk} - \psi_{ik}$ 为 k 次谐波滞后于同次谐波电压的相位，则瞬时功率 $p(t)$ 为

$$p(t) = u(t)i(t) = \left[U_0 + \sum_{k=1}^{\infty}\sqrt{2}U_{km}\sin(k\omega t + \psi_{uk})\right]\left[I_0 + \sum_{k=1}^{\infty}\sqrt{2}I_{km}\sin(k\omega t + \psi_{ik})\right]$$

此多项式乘积展开式中可分为两种类型，一种是同次谐波电压、电流的乘积 $U_0 I_0$ 及 $U_{km}\sin(k\omega t + \psi_{uk})I_{km}\sin(k\omega t + \psi_{ik})$，它们在一个周期内的平均值分别为

$$P_0 = \frac{1}{T}\int_0^T U_0 I_0 \mathrm{d}t = U_0 I_0$$

$$P_k = \frac{1}{T}\int_0^T U_{km}\sin(k\omega t + \psi_{uk})I_{km}\sin(k\omega t + \psi_{ik})\mathrm{d}t$$

$$= U_k I_k\cos\varphi_k$$

式中，U_k、I_k 为 k 次谐波电压、电流的有效值。

另一种类型是不同次谐波电压、电流的乘积 $U_0 I_{km}\sin(k\omega t + \psi_{ik})$、$I_0 U_{km}\sin(k\omega t + \psi_{uk})$ 及 $U_{km}\sin(k\omega t + \psi_{uk})I_{gm}\sin(g\omega t + \psi_{ig})(g \neq k)$，它们各项中一周期内的平均值均为零。因而平均功率 P 为

$$P = U_0 I_0 + \sum_{k=1}^{\infty}U_k I_k\cos\varphi_k \tag{8-14}$$

即非正弦电流电路的平均功率为各次谐波的平均功率之和。必须注意的是，不同频率的电压和电流不产生平均功率。

非正弦电流电路的无功功率定义为各次谐波无功功率之和为

$$Q = \sum_{k=1}^{\infty}U_k I_k\sin\varphi_k \tag{8-15}$$

即非正弦周期性电路的无功功率等于各次谐波的无功功率之代数和。非正弦周期性电路的视在功率为

$$S = UI = \sqrt{U_0^2 + U_1^2 + \cdots + U_k^2 + \cdots}\sqrt{I_0^2 + I_1^2 + \cdots + I_k^2 + \cdots} \tag{8-16}$$

注意：视在功率不等于各次谐波视在功率之和，且 $S > \sqrt{P^2 + Q^2}$。

非正弦电路的功率因数定义为有功功率与视在功率之比，即

$$\cos\varphi = \frac{P}{UI} \qquad\qquad (8\text{-}17)$$

式中，φ 是一个假想角，并不表示非正弦电压与电流之间存在相位差。有时为了简化计算，常将非正弦量用一个等效正弦量来代替，这时 φ 可认为是等效正弦电压与电流间的相位差。这种方法将在今后对交流铁心线圈的分析中采用。

【例 8-2】 一段电路的电压 $u(t) = [10+20\sin(\omega t-30°)+8\sin(3\omega t-30°)]\,\text{V}$，电流 $i(t) = [3+6\sin(\omega t+30°)+2\sin5\omega t]\,\text{A}$，求该电路的平均功率、无功功率和视在功率。

解： 平均功率为

$$P = U_0 I_0 + \sum_{k=1}^{\infty} U_k I_k \cos\varphi_k = \left[10 \times 3 + \frac{20}{\sqrt{2}} \times \frac{6}{\sqrt{2}} \times \cos(-60°)\right]\text{W} = 60\ \text{W}$$

无功功率为

$$Q = \left[\frac{20}{\sqrt{2}} \times \frac{6}{\sqrt{2}} \times \sin(-60°)\right]\text{var} = -52\text{var}$$

视在功率为

$$S = UI = \sqrt{10^2 + \left(\frac{20}{\sqrt{2}}\right)^2 + \left(\frac{8}{\sqrt{2}}\right)^2} \times \sqrt{3^2 + \left(\frac{6}{\sqrt{2}}\right)^2 + \left(\frac{2}{\sqrt{2}}\right)^2}\ \text{V} \cdot \text{A} = 98.1\text{V} \cdot \text{A}$$

第三节　非正弦周期电路的分析

非正弦周期电流电路的分析计算采用谐波分析法，其理论依据是线性电路的叠加定理。采用谐波分析法的具体步骤如下：

1. 信号分解

将给定的非正弦激励信号分解为傅里叶级数（即一系列不同频率的谐波分量之和），并根据具体问题要求的准确度，取有限项高次谐波。

2. 计算各次谐波分别作用下的响应

分别计算各次谐波分量作用于电路时产生的响应。计算方法与直流电路及正弦稳态交流电路的计算完全相同。但必须注意：电感和电容对不同频率的谐波有不同的电抗，对于直流分量，电感相当于短路，电容相当于开路；对于基波，感抗为 $X_L = \omega L$，容抗为 $X_C(1) = \frac{1}{\omega C}$；$k$ 次谐波的感抗为 $X_L(k) = k\omega L$，容抗为 $X_C(k) = \frac{1}{k\omega C}$；次数越高，感抗越大，容抗越小。

3. 应用叠加定理，把各次谐波作用下响应的解析式进行叠加。

注意：各次谐波分量响应一定要以瞬时值表达式的形式进行叠加，而不能把表示不同频率正弦量的相量直接进行加、减运算。

【例 8-3】 已知图 8-4 中，$u(t) = [20+100\cos\omega t + 30\cos(3\omega t-30°)]$，$\omega L_1 = 5.5\Omega$，$\omega L_2 = 4\Omega$，$\frac{1}{\omega C} = 36\Omega$，

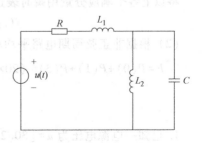

图 8-4　例 8-3 图

$R = 10\Omega$。

求：（1）$i(t)$ 及其有效值；（2）电路的总有功功率。

解：（1）因为电源电压已分解为傅里叶级数，可直接计算各次谐波作用下的电路响应。

① 直流响应（此时电感看作短路，电容看作开路）。

直流分量单独作用时，等效电路如图 8-5a 所示，各支路电流为

$$I(0) = \frac{U(0)}{R} = \frac{20}{10}\text{A} = 2\text{A}$$

② 基波响应。

基波分量单独作用时，等效电路如图 8-5b 所示，用相量法计算。

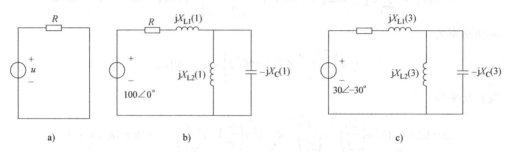

图 8-5　例 8-3 等效电路

$$\dot{U}(1) = 100\angle 0°\text{V}$$

$$Z(1) = (10+\text{j}10)\Omega = 10\sqrt{2}\angle 45°\Omega$$

$$\dot{I}(1) = \frac{\dot{U}(1)}{Z(1)} = \frac{100\angle 0°}{10\sqrt{2}\angle 45°}\text{A} = 5\sqrt{2}\angle -45°\text{A}$$

③ 三次谐波响应。

三次谐波分量单独作用时，等效电路如图 8-5c 所示，用相量法计算。因为

$$X_{L2}(3) = 3X_{L2}(1) = 12\Omega$$

$$X_{C}(3) = \frac{1}{3}X_{C}(1) = 12\Omega$$

出现并联谐振，所以该并联端口的等效阻抗为无穷大，对外可视为开路。故可得

$$\dot{I}(3) = 0\text{A}$$

④ 各谐波分量产生的响应叠加。

将以上各个响应分量用瞬时表达式表示后叠加，得到

$$i(t) = [2+10\cos(\omega t-45°)]\text{A}$$

（2）根据非正弦周期电路平均功率等于各谐波分量的平均功率之和，可得

$$P = P(0)+P(1)+P(3) = (20×2+100×5\sqrt{2}×\cos45°+0)\text{W} = (40+500+0)\text{W} = 540\text{W}$$

习　题

1. 已知一电源电压为 $u = [30\sqrt{2}\sin\omega t+80\sqrt{2}\sin(3\omega t+2\pi/3)+30\sqrt{2}\sin5\omega t]\text{V}$，求电源电压的有效值。

2. 某一端口网络的电压和电流为关联参考方向，其电压为 $u(t)=[16+25\sqrt{2}\sin\omega t+4\sqrt{2}\sin(3\omega t+30°+\sqrt{6}\sin(5\omega t+50°)]$ V，求端口电压的有效值。

3. 感抗 $\omega L=3\Omega$ 与容抗 $1/(\omega C)=27\Omega$ 串联后接到电流源 $i_s(t)=(3\sin\omega t-2\cos3\omega t)$ A 上，求其端电压为多少？

4. 若电压 $u=[30\sqrt{2}\sin\omega t+40\sqrt{2}\cos(3\omega t-2\pi/3)+40\sqrt{2}\cos(3\omega t+2\pi/3)]$ V，其中 $\omega=103$ rad/s，求 u 的有效值为多少？

5. 某一端口网络的电压和电流为关联参考方向，其电流为 $i(t)=[3+10\sqrt{2}\sin(\omega t-60°)+4\sin(2\omega t+20°)+2\sqrt{2}\sin(4\omega t+40°)]$ A，求端口电流有效值为多少？

6. 某一端口网络的电压和电流为关联参考方向，其电压和电流分别为 $u(t)=[16+25\sqrt{2}\sin\omega t+4\sqrt{2}\sin(3\omega t+30°)+\sqrt{6}\sin(5\omega t+50°)]$ V，$i(t)=[3+10\sqrt{2}\sin(\omega t-60°)+4\sin(2\omega t+20°)+2\sqrt{2}\sin(4\omega t+40°)]$ A；求网络的平均功率为多少？

7. 如图 8-6 所示，为方波信号激励的电路求 u。已知：$R=20\Omega$、$L=1$mH、$C=1000$pF、$I_m=157\mu$A、$T=6.28\mu$s。

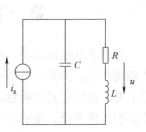

图 8-6　第 7 题图

8. 当 $R=3\Omega$ 与 $\omega L=4\Omega$ 串联后外加电压源电压为 $[45+30\sin(\omega t-30°)]$V 时，求电路电流。

9. 当 $R=4\Omega$ 与 $\dfrac{1}{\omega C}=3\Omega$ 串联后外加电压源电压为 $[60-25\sin(\omega t+30°)]$ V 时，求电路电流。

第九章　动态电路的暂态分析

第一节　电路的动态过程及初始值确定

自然界事物的运动，在特定的条件下有一定的稳定状态。当条件改变了，就要过渡到新的稳定状态。例如，电动机通电运转时（通电前的状态就是一种稳定状态），转速便从零逐渐上升，最后达到新的稳定值（一种新的稳定状态）；当电动机停下来时，它的转速从某一稳态值逐渐下降，最后为零。可见，从一种稳定状态转到另一种新的稳定状态往往是不能跃变的，而是需要一定的时间（或过程）。

一、电路的动态过程

电容元件和电感元件是储能元件，它们在任一时刻的电压与电流之间是微分或积分的关系，因此称为动态元件。含有动态元件的电路称为动态电路。

前面各章所研究的电路，无论是直流电路，还是周期性交流电路，所有的激励和响应在一定的时间内都是恒定不变或是按周期规律变动的，这种工作状态称为稳定状态，简称稳态。然而，实际电路在工作时常常发生开关的通断、元件参数的变化、连接方式的改变等情况，这些情况统称为换路。电路发生换路时，通常要引起电路稳定状态的改变，从一个稳态进入另一个稳态。

由于换路引起的稳定状态的改变，必然伴随着能量的改变。在含有电容、电感储能元件的电路中，这些元件上能量的积累和释放需要一定的时间。如果储能的变化是即时完成的，这就意味着功率 $P = \dfrac{\mathrm{d}W}{\mathrm{d}t}$ 为无限大，这在实际上是不可能的。也就是说，储能不可能跃变，需要有一个过渡过程，这就是所谓的动态过程。实际电路中的动态过程往往是短暂的，故又称为暂态过程，简称暂态。

电路的暂态过程虽然比较短暂，但对它的研究却具有重要的实际意义，因为电路的暂态特性在很多技术领域得到了应用。例如，在电子技术中往往利用 RC 电路电容充放电过渡过程的特性，来构成各种脉冲电路或延时电路，以获得各种波形信号；在计算机和各种脉冲数字装置中，电路始终在过渡过程状态下工作。另一方面，由于有些电路在暂态中会出现过电流或过电压，认识它们的规律有利于采取措施加以防范。

描述动态电路的数学模型通常是线性常系数微分方程。如果电路方程是一阶微分方程，则相应的电路就称为一阶电路。如果是二阶或高阶微分方程，则相应的电路就称为二阶电路或高阶电路，一阶电路是工程中最常见的、最简单的动态电路。

本章采用直接求解微分方程的方法来分析电路的动态过程。分析与求解过程中所涉及的都是时间变量，所以这种方法又称为时域分析法。

何为动态元件？动态电路？稳态？动态过程？暂态？时域分析法？

二、换路定律

换路时，由于储能元件的能量不会发生跃变，故形成了电路的过渡过程。在电感元件上，储能形式是磁场能量，其大小为 $W_L = \frac{1}{2} L i_L^2(t)$，换路时，能量不能跃变，则电感元件上的电流 i_L 也就不能跃变。从另一角度来看，电感电流 i_L 的跃变，将会导致电感电压 $u_L = L \frac{d i_L}{dt}$ 趋向于无限大，这是不可能的。在电容元件上，储能形式是电场能量，其大小为 $W_C = \frac{1}{2} C u_C^2(t)$，换路时，能量不能跃变，则电容元件上的电压 u_C 也就不能跃变。从另一角度来看，电容电压 u_C 的跃变，将会导致电容电流 $i_C = C \frac{d u_C}{dt}$ 趋向于无限大，这也是不可能的。

简而言之，在动态电路的换路瞬间，若电感电压和电容电流为有限值，电感电流不能跃变，电容电压也不能跃变。这一结论称为换路定律。

分析电路的过渡过程时，为了研究方便，一般认为换路是在 $t = 0$ 时刻进行的。用 $t = 0_-$ 表示换路前的终了时刻，$t = 0_+$ 表示换路后的初始时刻，换路所经历的时间为 $t = 0_-$ 到 $t = 0_+$。用 $u_C(0_-)$ 和 $i_L(0_-)$ 分别表示换路前终了时刻的电容电压和电感电流；用 $u_C(0_+)$ 和 $i_L(0_+)$ 分别表示换路后初始时刻的电容电压和电感电流。那么换路定律可以表示为

$$\begin{cases} u_C(0_-) = u_C(0_+) \\ i_L(0_-) = i_L(0_+) \end{cases} \tag{9-1}$$

式中，$u_C(0_-)$ 或 $i_L(0_-)$ 是根据换路前终了时刻的原电路进行计算的；$u_C(0_+)$ 和 $i_L(0_+)$ 分别称为电容电压和电感电流的初始值。电路变量的初始值就是 $t = 0_+$ 时电路中的电压、电流值。确定电路的初始值是进行暂态分析的一个重要环节。

三、初始值的确定

换路定律指出，电容电压和电感电流在换路前后一瞬间保持不变。而其余的量，如电容中的电流、电感上的电压、电阻上的电压和电流都是可以跃变的，因此它们换路后一瞬间的值，通常都不等于换路前一瞬间的值。为叙述方便，以后把遵循换路定律的 $u_C(0_+)$ 和 $i_L(0_+)$ 称为独立初始值，而把其余的初始值如 $i_C(0_+)$、$u_L(0_+)$、$u_R(0_+)$ 和 $i_R(0_+)$ 称为相关初始值。

独立初始值可以通过换路前的稳态电路求得。若电路是直流激励，则换路前的稳态电路应将电容看作开路，电感看作短路，此时，电容电压和电感电流的值即为 $u_C(0_-)$ 和 $i_L(0_-)$。然后根据换路定律，即

$$u_C(0_-) = u_C(0_+)$$

$$i_L(0_-) = i_L(0_+)$$

确定换路后的 $u_C(0_+)$ 及 $i_L(0_+)$。

>> **想一想：**

何为换路定律？

注意：运用 KCL 时需和两套符号打交道：其一是方程中各项前的正、负号；其二是电流本身数值的正负。

相关初始值[$i_C(0_+)$、$u_L(0_+)$、$u_R(0_+)$ 和 $i_R(0_+)$ 等] 可按以下原则和步骤计算确定：

1）按换路前（$t=0_-$）的电路确定 $u_C(0_-)$ 和 $i_L(0_-)$；

2）根据换路定律确定 $u_C(0_+)$ 及 $i_L(0_+)$；

3）画出换路后 $t=0_+$ 时刻的电路图，方法：若 $u_C(0_+)$ 为零，则把电容视为短路；若 $u_C(0_+)$ 不为零，将电路中的电容 C 用电压为 $u_C(0_+)$ 的电压源替代；若 $i_L(0_+)$ 为零，则把电感视为断路；若 $i_L(0_+)$ 不为零，电感 L 用电流为 $i_L(0_+)$ 的电流源替代。

4）按换路后 $t=0_-$ 时刻的新电路，根据电路的基本定律求出 $t=0_+$ 时刻各支路的电流及各元件上的电压值。注意：$t=0_+$ 时刻等效电路仅能用来确定电路各部分电压、电流的初始值，不能用来当作新的稳态电路。

【例 9-1】 图 9-1a 所示电路中，已知 $U_s=12V$，$R_1=4k\Omega$，$R_2=8k\Omega$，$C=1\mu F$，开关 S 原来处于断开状态，电容上电压 $u_C(0_-)=0$。求开关 S 闭合后，$t=0_+$ 时，各电流及电容电压的数值。

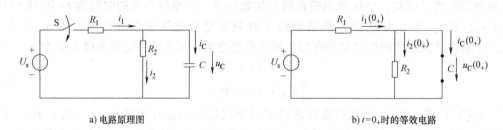

a) 电路原理图　　　　　　　　　b) $t=0_+$ 时的等效电路

图 9-1　例 9-1 图

解： 选定有关参考方向如图 9-1a 所示。

1）由已知条件可知：$u_C(0_-)=0$。

2）由换路定律可知：$u_C(0_-)=u_C(0_+)=0$。

3）求其他各电流、电压的初始值。画出 $t=0_+$ 时刻的等效电路，如图 9-1b 所示。由于 $u_C(0_+)=0$，所以在等效电路中电容相当于短路。故有

$$i_2(0_+) = \frac{u_C(0_+)}{R_2} = \frac{0}{R_2} = 0$$

$$i_1(0_+) = \frac{U_s}{R_1} = \frac{12}{4\times10^3} = 3mA$$

由 KCL 有 $i_C(0_+) = i_1(0_+) - i_2(0_+) = 3mA - 0mA = 3mA$

【例 9-2】 如图 9-2a 所示电路，已知 $U_s=10V$，$R_1=6\Omega$，$R_2=4\Omega$，$L=2mH$，开关 S 原来

处于断开状态。求开关 S 闭合后，$t=0_+$ 时，各电流及电感电压 u_L 的数值。

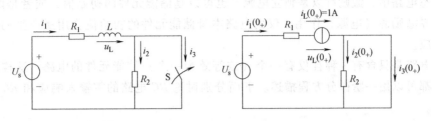

a) 电路原理图   b) $t=0_+$ 时的等效电路

图 9-2　例 9-2 图

解： 选定有关参考方向如图 9-2a 所示。

1）求 $t=0_-$ 时的电感电流 $i_L(0_-)$。

由原电路已知条件得

$$i_L(0_-)=i_1(0_-)=i_2(0_-)=\frac{U_s}{R_1+R_2}=\frac{10}{6+4}A=1A$$

$$i_3(0_-)=0$$

2）求 $t=0_+$ 时 $i_L(0_+)$。

由换路定律知

$$i_L(0_+)=i_L(0_-)=1A$$

3）求其他各电压、电流的初始值。画出 $t=0_+$ 时的等效电路如图 9-2b 所示。由于 S 闭合，R_2 被短路，则 R_2 两端电压为零，故 $i_2(0_+)=0$。

由 KCL 有

$$i_3(0_+)=i_1(0_+)-i_2(0_+)=i_1(0_+)=1A$$

由 KVL 有

$$U_s=i_1(0_+)R_1+u_L(0_+)$$

$$U_L(0_+)=U_s-i_1(0_+)R_1=10V-1\times6V=4V$$

》》 想一想：

何为 KCL？

何为 KVL？

第二节　一阶电路的零输入响应

观察与思考

当关闭发动机时，汽车由原先的速度继续行驶，或滑行，或上坡，则汽车的运动速度如何变化？一壶水或一块冰在不加热的情况下，水温如何变化？人们称这种现象为零输入响应。

在动态电路中，激励可以是独立电源，也可以是储能元件的初始值，或者是两者皆有。如果无外界激励源（电源）作用，仅由电路本身储能元件的初始值作用所产生的响应称为零输入响应。

一阶电路是只含有一种且仅有一个（或等效为一个）储能元件的电路。这样的电路其数学模型都可以用一阶微分方程描述。下面分别讨论 RC 电路的零输入响应和 RL 电路的零输入响应。

一、RC 电路的零输入响应

一阶 RC 电路的零输入响应是指无电源激励，输入信号为零，在电容元件的初始值 u_C (t) 作用下所产生的电路响应。RC 电路的零输入响应实际上就是电容元件的放电过程。图 9-3 所示为一阶 RC 零输入响应电路。

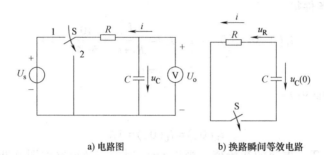

a) 电路图　　　　　b) 换路瞬间等效电路

图 9-3　一阶 RC 零输入响应电路

在换路前，开关 S 合在 1 的位置，电源对电容元件充电，达到稳定时 $u_C = U_o$。在 $t = 0$ 时，将开关 S 从位置 "1" 合到位置 "2"，使电源脱离，输入信号为零，此时，电容元件上的电压初始值 $u_C(0_+) = u_C(0_-) = U_o$。在 $t>0$ 时，电容元件经过电阻 R 开始放电，即有

$$t = 0_+ \quad u_C(0_+) = U_o$$

可得到图 9-3b 所示的换路瞬间等效电路。

根据 KVL 列出 $t \geq 0$ 时的电路微分方程，得

$$u_R - u_C = 0$$

而 $u_R = iR$，$i = -C(\mathrm{d}u_C/\mathrm{d}t)$，（式中负号表明 i 与 u_C 的参考方向相反）。将 $i = -C(\mathrm{d}u_C/\mathrm{d}t)$ 代入得 $u_R = iR$ 得

$$RC\frac{\mathrm{d}u_C}{\mathrm{d}t} + u_C = 0 \tag{9-2}$$

式（9-2）为一阶常系数线性齐次微分方程，令其通解为

$$u_C = Ae^{pt}$$

式中，常数 p 是特征方程的根，A 为待定系数。

将 $u_C = Ae^{pt}$ 代入式（9-2）中，得到

$$RCpAe^{pt} + Ae^{pt} = 0$$
$$(RCp + 1)Ae^{pt} = 0$$

因 $Ae^{pt} \neq 0$，可消去公因子 Ae^{pt}，得出该微分方程的特征方程为

$$RCp + 1 = 0$$

其特征根为

$$p = -\frac{1}{RC}$$

因此，该微分方程的通解为

$$u_C = Ae^{pt} = Ae^{-\frac{t}{RC}}$$

由换路定律可知：$u_C(0_+) = u_C(0_-) = U_o$，即 $U_o = Ae^{-\frac{0}{RC}} = Ae^0 = A$。

将 $A = U_o$，时间常数 $\tau = RC$ 代入得

$$u_C = U_o e^{-\frac{t}{RC}} = U_o e^{-\frac{t}{\tau}} \quad (t \geqslant 0) \tag{9-3}$$

$$i = \frac{u_C}{R} = \frac{U_o}{R} e^{-\frac{t}{RC}} = \frac{U_o}{R} e^{-\frac{t}{\tau}} \quad (t \geqslant 0) \tag{9-4}$$

由式（9-3）和式（9-4）可以看出由于 $p = -\dfrac{1}{RC}$ 是负值，所以电压 u_C 和电流 i 都是随时间按指数函数规律不断衰减的，最后趋于零。它们的波形分别如图 9-4a、b 所示。

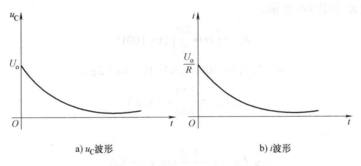

a) u_C 波形　　　　　　　　　　　b) i 波形

图 9-4　一阶 RC 电路的零输入响应波形

因为 $\tau = RC$，当电阻单位为 Ω，电容单位为 F 时，乘积 RC 的单位为 s，它称为 RC 电路的时间常数。τ 的数值大小直接影响电压 u_C 及电流 i 衰减的快慢，τ 越大，衰减越慢，暂态过程越长。事实上，在 U_o 为定值时，电容 C 值越大，储能就越多，放电时间越长；电阻 R 越大，放电电流越小，放电时间也越长。反之，τ 越小，衰减越快，暂态过程越短。理论上讲，$t \to \infty$ 时 $u_C(t)$ 和 i 衰减到零。但工程上一般认为：换路后时间经过 $3\tau \sim 5\tau$，过渡过程已结束，电路进入新的稳态。

【例 9-3】 供电局向某一企业供电电压为 10kV，在切断电源瞬间，电网上遗留有 $10\sqrt{2}$ kV 的电压。已知送电线路长 $L = 30$km，电网对地绝缘电阻为 500MΩ，电网的分布电容为 $C_0 = 0.008\,\mu\text{F/km}$，求：

（1）拉闸后 1min，电网对地的残余电压为多少？

（2）拉闸后 10min，电网对地的残余电压为多少？

解：电网拉闸后，储存在电网电容上的电能逐渐通过对地绝缘电阻放电，这是一个 RC 串联电路的零输入响应问题。

由题意知，长 30km 的电网总电容量为

$$C = C_0 L = 0.008 \times 30 \mu F = 0.24 \mu F = 2.4 \times 10^{-7} F$$

因放电电阻为 $R = 500M\Omega = 5 \times 10^8 \Omega$，所以时间常数为

$$\tau = RC = 5 \times 10^8 \times 2.4 \times 10^{-7} s = 120 s$$

因电容上初始电压为 $U_o = 10\sqrt{2} kV$，则在电容放电过程中，电容电压（即电网电压）的变化规律为

$$u_C(t) = U_o e^{-\frac{t}{\tau}}$$

故

$$u_C(60s) = 10\sqrt{2} \times 10^3 e^{-\frac{60}{120}} V = 8576 V = 8.6 kV$$

$$u_C(600s) = 10\sqrt{2} \times 10^3 e^{-\frac{600}{120}} V = 95.3 V$$

【例 9-4】 如图 9-5 所示，电路在换路前已工作了很长的时间，求换路后的零输入响应电流 $i(t)$ 与电压 $u_o(t)$。

解：

$$u_C(0_+) = u_C(0_-) = \frac{200}{60+40} \times 60V = 120V$$

换路后的电路如图 9-6 所示。

$$R_{eq} = \left(60 + \frac{80}{2}\right) \Omega = 100\Omega$$

$$\tau = R_{eq}C = (100 \times 0.02 \times 10^{-6}) s = 2\mu s$$

$$i(0_+) = \frac{120}{100} A = 1.2A$$

$$u_o(0_+) = -\frac{1.2}{2} \times 60V = -36V$$

零输入响应为

$$i(t) = i(0_+) e^{-\frac{t}{\tau}} = 1.2 e^{-0.5 \times 10^6 t} A \qquad t \geq 0_+$$

$$u_o(t) = u_o(0_+) e^{-\frac{t}{\tau}} = -36 e^{-0.5 \times 10^6 t} V \qquad t \geq 0_+$$

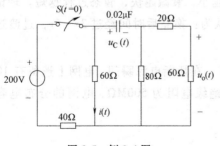

图 9-5 例 9-4 图

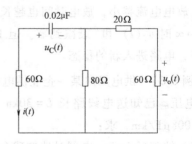

图 9-6 例 9-4 换路后的电路

二、RL 电路的零输入响应

一阶 RL 电路如图 9-7a 所示，设开关 S 原先是断开的，则 L 相当于短路，此时电感中的

电流就等于电源电流 I_0。在 $t=0$ 时，将开关关闭，电流源不再作用于 RL 电路，而得到了如图 9-7b 所示电路，由于电感电流是不能跃变的，所以电感的初始电流 $i_L(0_-)=i_L(0_+)=I_0$，电感初始时刻储存的磁场能量将通过电阻 R 释放。因此，在 $t \geqslant 0$ 时，电路的响应也是由初始储能引起的，属于零输入响应。

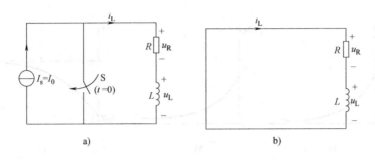

图 9-7　一阶 RL 电路的零输入响应电路

在图 9-7b 中，根据 KVL 可得

$$u_R + u_L = 0 \quad (t \geqslant 0)$$

而 $u_R = i_L R$，$u_L = L(\mathrm{d}i_L/\mathrm{d}t)$，则

$$i_L R + L \frac{\mathrm{d}i_L}{\mathrm{d}t} = 0$$

或

$$\frac{L}{R}\frac{\mathrm{d}i_L}{\mathrm{d}t} + i_L = 0 \quad (t \geqslant 0)$$

上式为一阶常系数线性齐次微分方程，其特征方程为

$$Lp + R = 0$$

其特征方根为

$$p = -\frac{R}{L}$$

因此该微分方程的通解为

$$i_L(t) = A\mathrm{e}^{-\frac{R}{L}t} \quad t \geqslant 0$$

由初始条件 $i_L(0_-)=i_L(0_+)=i_L(0_-)=i_L(0_+)=I_0$，可求得 $A=I_0$，故电路的零输入响应电流为

$$i_L = I_0 \mathrm{e}^{-\frac{R}{L}t} = I_0 \mathrm{e}^{-\frac{t}{\tau}} \tag{9-5}$$

式中，$\tau = \dfrac{L}{R}$，τ 称为 RL 电路的时间常数，常用单位也为秒（s）。它的大小同样反映了 RL 电路响应的衰减快慢程度。L 越大，在同样大的初始电流 I_0 下，电感储存的磁场能量越多，通过电阻释放能量所需要的时间就越长，暂态过程也就越长；而当电阻 R 越小时，在同样大的初始电流 I_0 下，电阻消耗的功率就越小，暂态过程也就越长。

电感电压为

$$u_L = L\frac{\mathrm{d}i_L}{\mathrm{d}t} = -I_0 R\mathrm{e}^{-\frac{R}{L}t} = -I_0 R\mathrm{e}^{-\frac{t}{\tau}} \quad (t \geqslant 0) \tag{9-6}$$

电阻电压为

$$u_R = i_L R = I_0 R e^{-\frac{R}{L}t} = I_0 R e^{-\frac{t}{\tau}} \quad (t \geqslant 0) \tag{9-7}$$

可见，电感电流 i_L、电感电压 u_L 和负载电压 u_R 都是从初始值开始，随着时间按同一指数衰减的。它们随着时间变化的曲线如图 9-8 所示。

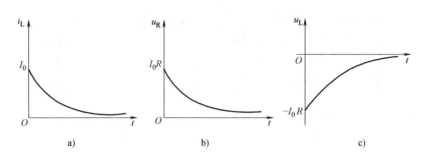

a)   b)   c)

图 9-8 一阶 RL 电路的零输入响应波形

▶▶ 温馨提示：

关于 RL 电路的几点注意事项：

1. 由于电感元件上电流变化是连续的，若在稳态的情况下切断开关 S，则电流变化率 $\dfrac{di}{dt}$ 很大，致使电网两端产生很高的自感电动势，此时电感相当于一个电压源，其极性刚好与 U_s 相反。该电压与电源电压一起加于开关 S 的两端，会使开关两触点间的空气击穿，形成火花或电弧，延缓了电路的断开，甚至还会烧毁开关的触点。

2. 为了防止高电压损坏开关以及接在电路中的测量仪表或其他元器件，在设计或使用电感量比较大的电气设备时，应采取必要的措施。

从上面的分析可见，RC 电路和 RL 电路中所有的零输入响应都具有以下相同形式，即

$$f(t) = f(0_+) e^{-\frac{t}{\tau}} \quad (t \geqslant 0) \tag{9-8}$$

式中，$f(0_+)$ 是响应的初始值；τ 是电路的时间常数。对于一般电路来说，式中的 R 应是换路后的电路从唯一的一个储能元件 C 或 L 的两端看进去的等效电阻，即 R_{eq}。

▶▶ 想一想：

零输入响应的特点有哪些？

【例 9-5】 如图 9-9 所示电路，$R_1 = 10\Omega$，$R_V = 10k\Omega$，$L = 4H$，$U_s = 10V$。在换路前已处于稳态，$t = 0$ 时，打开开关 S，求 u_V。电压表量程为 50V。

解： $i_L(0_+) = i_L(0_-) I_0 = 1A$

$$\tau = \frac{L}{R_1 + R_V} \approx \frac{4}{10000}s = 4 \times 10^{-4}s$$

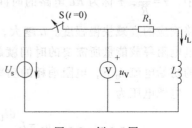

图 9-9 例 9-5 图

根据 $i_L = I_0 e^{-\frac{R}{L}t} = I_0 e^{-\frac{t}{\tau}}$ 得到

$$i_L = I_0 e^{-2500t} \quad (t \geqslant 0)$$

$$u_V = -R_V i_L = -10000 e^{-2500t} \quad (t \geqslant 0)$$

可得 $U_V(0_+) = -10000\text{V}$，会造成电压表损坏。

从例 9-5 分析可见，电感线圈从直流电源断开时，线圈两端会产生很高的电压，此高压足以使开关断开处的空气击穿，从而出现火花或电弧，损坏开关设备。电弧强烈时还会引起火灾。因此工程上都采取一些保护措施，常用的方法是在线圈两端并联续流二极管，如图 9-10 所示。

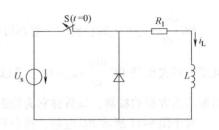

图 9-10　RL 电路切断电源时的保护措施

一阶电路的零输入响应 $f(t)$ 的求法归纳为以下几个步骤：

1）首先求出换路前的电容电压 $u_C(0_-)$ 和电感电流 $i_L(0_-)$。

2）利用换路定律求出换路后瞬间电容电压和电感电流的初始值 $u_C(0_+)$ 和 $i_L(0_+)$。

3）画 $t = 0_+$ 时的等效电路，利用 KVL、KCL、欧姆定律得出所求电压后电流 $f(t)$ 的初始值 $f(0_+)$。

4）求出电容或电感两端看进去的等效电阻 R，确定出时间常数 $\tau = RC$ 或 $\tau = \dfrac{L}{R}$。

5）写出一阶电路的零输入响应 $f(t)$ 的表达式。

第三节　一阶电路的零状态响应

观察与思考

一辆汽车从静止开始，以固定的加速度行驶，则汽车的运动速度如何变化？有一壶水，初始温度为零，当以固定的功率给它加热时，水温如何变化？

电路中储能元件上的初始状态为零，即 $u_C(0_+) = 0$、$i_L(0_+) = 0$，换路后，仅由外施激励而引起的电路响应为零状态响应。外施激励可以是恒定的电压或电流，也可以是变化的电压或电流。本节主要讨论输入为恒定量的零状态响应。

一、RC 电路的零状态响应

直流稳压电源 U_s 通过电阻对电容充电的电路如图 9-11 所示，开关 S 原来处于断开状态，电容的初始状态为零，即 $u_C(0_-) = 0$。在 $t = 0$ 时将开关 S 闭合，电路接通直流电源 U_s，电源将向电容充电。由 KVL 有

$$u_R + u_C = U_s \quad (t \geqslant 0) \tag{9-9}$$

而将各元件的伏安关系 $u_R = iR$ 和 $i = C\dfrac{du_C}{dt}$ 代入式（9-9）得

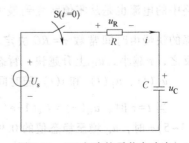

图 9-11　RC 电路的零状态响应

$$RC\frac{\mathrm{d}u_{\mathrm{C}}}{\mathrm{d}t}+u_{\mathrm{C}}=U_{\mathrm{s}} \quad (t\geqslant 0)$$

此式为一阶常系数线性非齐次微分方程，它的解由该方程的特解 u_{Cp}（又称强制分量或稳态分量）和对应的齐次方程的通解 u_{Ch}（又称自由分量或暂态分量）组成，可写成

$$u_{\mathrm{C}}=u_{\mathrm{Cp}}+u_{\mathrm{Ch}}$$

$RC\dfrac{\mathrm{d}u_{\mathrm{C}}}{\mathrm{d}t}+u_{\mathrm{C}}=U_{\mathrm{s}}$ 的任何一个解都可作为它的特解。由于电路最终要进入稳态，稳态后的电路方程式也是 $RC\dfrac{\mathrm{d}u_{\mathrm{C}}}{\mathrm{d}t}+u_{\mathrm{C}}=U_{\mathrm{s}}$。所以，一般情况下，就可以取电路换路后进入新的稳态时的解作为方程的特解，以后称它为稳态值。

对于图 9-11 所示 RC 电路，换路后进入稳态下的电容电压为 U_{s}，则

$$u_{\mathrm{Cp}}=U_{\mathrm{s}}$$

由于 $RC\dfrac{\mathrm{d}u_{\mathrm{C}}}{\mathrm{d}t}+u_{\mathrm{C}}=U_{\mathrm{s}}$ 所对应的齐次方程与 $RC\dfrac{\mathrm{d}u_{\mathrm{C}}}{\mathrm{d}t}+u_{\mathrm{C}}=0$ 完全相同，其通解为

$$u_{\mathrm{Ch}}=A\mathrm{e}^{-\frac{t}{RC}}$$

因此，u_{C} 的解为

$$u_{\mathrm{C}}(t)=U_{\mathrm{s}}+A\mathrm{e}^{-\frac{t}{RC}} \quad (t\geqslant 0) \tag{9-10}$$

根据 u_{C} 的初始条件可以确定常数 A，即 $u_{\mathrm{C}}(0_{+})=0$，$t=0$ 代入式（9-10），可得

$$A=-U_{\mathrm{s}}$$

最后得出电容电压的零状态响应为

$$u_{\mathrm{C}}(t)=U_{\mathrm{s}}-U_{\mathrm{s}}\mathrm{e}^{-\frac{t}{RC}} \quad (t\geqslant 0)$$

时间常数 $\tau=RC$，零状态响应中的电容电压的表达式为

$$u_{\mathrm{C}}(t)=U_{\mathrm{s}}-U_{\mathrm{s}}\mathrm{e}^{-\frac{t}{\tau}}=U_{\mathrm{s}}(1-\mathrm{e}^{-\frac{t}{\tau}}) \quad (t\geqslant 0) \tag{9-11}$$

零状态响应中的电路电流的表达式为

$$i(t)=C\frac{\mathrm{d}u_{\mathrm{C}}}{\mathrm{d}t}=\frac{U_{\mathrm{s}}}{R}\mathrm{e}^{-\frac{t}{\tau}} \quad (t\geqslant 0) \tag{9-12}$$

电阻元件 R 上的电压为

$$u_{\mathrm{R}}(t)=Ri=U_{\mathrm{s}}\mathrm{e}^{-\frac{t}{RC}} \quad (t\geqslant 0) \tag{9-13}$$

电容元件在与恒定电压接通后的充电过程中，电压 u_{C} 从零值按指数规律上升趋于稳态值 U_{s}；与此同时，电阻上的电压则从零值跃变到最大值 U_{s} 后按指数规律衰减趋于零值；电路中的电流也是从零值跃变到最大值 $\dfrac{U_{\mathrm{s}}}{R}$ 后按指数规律衰减趋于零值。电压、电流上升或下降的快慢由时间常数 $\tau=RC$ 决定。τ 越大，u_{C} 上升越慢，暂态过程（即充电时间）越长；反之，τ 越小，u_{C} 上升越快，暂态过程（即充电时间）越短。

$u_{\mathrm{C}}(t)$、$u_{\mathrm{R}}(t)$ 和 $i(t)$ 随时间变化的曲线如图 9-12a、b 所示。

当 $t=\tau$ 时，$u_{\mathrm{C}}(\tau)=U_{\mathrm{s}}(1-\mathrm{e}^{-\frac{t}{\tau}})=0.632U_{\mathrm{s}}$，即电容电压增至稳态值的 0.632 倍。当 $t=(3\sim5)\tau$ 时，u_{C} 增至稳态值的 $0.95\sim0.997$ 倍，通常认为此时电路已进入稳态，即充电过程结束。

由于 u_C 的稳态值也就是换路后时间 t 趋于 ∞ 时的值，可记为 $u_C(\infty)$，因此式 $u_C(\tau)=U_s(1-e^{-\frac{t}{\tau}})$ 可写为

$$u_C(\tau)=u_C(\infty)(1-e^{-\frac{t}{\tau}}) \quad (t\geqslant 0) \tag{9-14}$$

用式（9-14）即可求得 RC 电路的零状态响应电压 u_C，进而求得电流等。

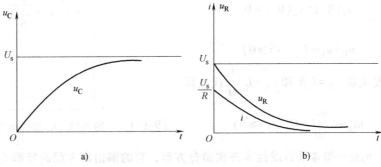

图 9-12 RC 电路的零状态响应曲线

》想一想:

何为一阶常系数线性非齐次微分方程？

【例 9-6】 如图 9-11 所示电路，已知 $U_s=220V$，$R=200\Omega$，$C=1\mu F$，电容事先未充电，在 $t=0$ 时合上开关 S。求：

1）时间常数；

2）最大充电电流；

3）u_C、u_R 和 i 的表达式；

4）开关合上后 1ms 时的 u_C、u_R 和 i 的值。

解: 1）时间常数为

$$\tau=RC=200\times 1\times 10^{-6}s=2\times 10^{-4}s=200\mu s$$

2）最大充电电流为

$$i_{max}=\frac{U_s}{R}=\frac{220}{200}A=1.1A$$

3）U_C、U_R、i 的表达式为

$$u_C=U_s(1-e^{-\frac{t}{\tau}})=200(1-e^{-\frac{t}{2\times 10^{-4}}})V=200(1-e^{-5\times 10^3 t})V$$

$$u_R=U_s e^{-\frac{t}{\tau}}=220e^{-5\times 10^3 t}V$$

$$i=\frac{U_s}{R}e^{-\frac{t}{\tau}}=\frac{220}{200}e^{-\frac{t}{\tau}}A=1.1e^{-5\times 10^3 t}A$$

4）当 $t=1ms=10^{-3}s$ 时

$$u_C=220\times(1-e^{-5\times 10^3\times 10^{-3}})V=220\times(1-e^{-5})V=220\times(1-0.007)V=218.5V$$

$$u_R=220e^{-5\times 10^3\times 10^{-3}}V=220\times 0.007V=1.5V$$

$$i=1.1e^{-5\times 10^3\times 10^{-3}}A=1.1\times 0.007A=0.0077A$$

二、*RL* 电路的零状态响应

图 9-13 所示为一阶 *RL* 电路的零状态响应电路，开关 S 未闭合前，由于电路开路，故电感电流 $i_L(0_-)=0$，故电感处于"零初始状态"。在 $t=0$ 时刻开关 S 闭合，电路进入过渡过程。当开关 S 闭合瞬间，根据换路定律，得

$$i_L(0_+)=i_L(0_-)=0$$

根据 KVL 有

$$u_R+u_L=U_s \quad (t \geqslant 0)$$

将各元件的伏安关系 $u_R=i_L R$ 和 $u_L=L\dfrac{di_L}{dt}$ 代入得

$$Ri_L+L\frac{di_L}{dt}=U_s \quad (t \geqslant 0) \qquad (9\text{-}15)$$

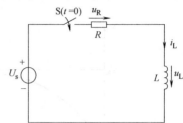

图 9-13　*RL* 电路的零状态响应

式（9-15）也是一阶常系数线性非齐次微分方程，它的解由该方程的特解 i_{Lp}（又称强制分量或稳态分量）和对应的齐次方程的通解 i_{Lh}（又称自由分量或暂态分量）组成。可写成

$$i_L=i_{Lp}+i_{Lh}$$

仍以电路达到稳定时的解作为特解，有

$$i_{Lp}=\frac{U_s}{R}$$

$Ri_L+L\dfrac{di_L}{dt}=U_s$ 相应的齐次方程与描述 *RL* 零输入响应的齐次方程 $Ri_L+L\dfrac{di_L}{dt}=0$ 是相同的，其通解也应为

$$i_{Lh}=Ae^{-\frac{R}{L}t}=Ae^{-\frac{t}{\tau}}$$

式中，$\tau=\dfrac{L}{R}$。

所以

$$i_L=\frac{U_s}{R}+Ae^{-\frac{t}{\tau}} \qquad (9\text{-}16)$$

根据 i_L 的初始条件可以确定常数 A，即将 $i_L(0_+)=0$、$t=0$ 代入式（9-16），可得

$$A=-\frac{U_s}{R}$$

将 $A=-U_s/R$ 代入式（9-16），得出的零状态响应电流为

$$i_L=\frac{U_s}{R}-\frac{U_s}{R}e^{-\frac{t}{\tau}}=I\left(1-e^{-\frac{t}{\tau}}\right) \quad (t \geqslant 0) \qquad (9\text{-}17)$$

电感电压为

$$u_L=L\frac{di}{dt}=L\frac{d}{dt}\left[I\left(1-e^{-\frac{t}{\tau}}\right)\right]=L\left(\frac{1}{\tau}Ie^{-\frac{t}{\tau}}\right)=L\left(\frac{R}{L}\frac{U_s}{R}e^{-\frac{t}{\tau}}\right)=U_se^{-\frac{t}{\tau}} \quad (t \geqslant 0) \qquad (9\text{-}18)$$

电阻元件 *R* 上的电压为

$$u_R=i_L R=RI\left(1-e^{-\frac{t}{\tau}}\right)=U_s\left(1-e^{-\frac{t}{\tau}}\right) \quad (t \geqslant 0) \qquad (9\text{-}19)$$

由于 $i_{Lp} = \dfrac{U_s}{R}$ 是 i_L 的稳态值，同样可记为 $i_L(\infty)$，故 i_L 可表示为

$$i_L = i_L(\infty)\left(1 - e^{-\frac{t}{\tau}}\right) \qquad (9\text{-}20)$$

用式（9-20）即可求得 RL 电路的零状态响应电流 i_L，进而求得各元件电压。

一阶 RL 电路的零状态响应随时间变化的曲线如图 9-14a、b 所示。

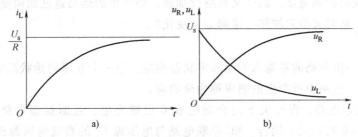

图 9-14　RL 电路的零状态响应曲线

一阶电路的零状态响应 $f(t)$ 的求法归纳为以下步骤：

1）首先绘出换路后电容元件或电感元件两端看进去的戴维南等效电路，即求出开路电压 U_{oc} 和戴维南等效电阻 R。

2）利用戴维南等效电路求出时间常数 $\tau = RC$ 或 $\tau = \dfrac{L}{R}$。

3）写出 $u_C(t)$ 和 $i_L(t)$ 表达式。

4）利用 KVL、KCL、欧姆定律求出其他支路电压和电流的零状态响应 $f(t)$。

【例 9-7】　如图 9-13 所示电路，开关已经断开很久，已知 $U_s = 10V$，$R = 1k\Omega$，$L = 50mH$，在 $t=0$ 时合上开关 S。求 $t>0$ 时的电流 $i_L(t)$。

解：

$$i = \frac{10}{1 \times 10^3}A = 10mA$$

时间常数为

$$\tau = \frac{L}{R} = \frac{50mH}{1000\Omega} = 50\mu s$$

代入一阶 RL 电路的零状态响应公式，得

$$i_L(t) = i_L(\infty)\left(1 - e^{-\frac{t}{\tau}}\right) = 10\left(1 - e^{-2 \times 10^4 t}\right)mA$$

>> 温馨提示：

　　不论是 RC 电路还是 RL 电路，描述零状态响应的电路方程都是一阶常系数线性非齐次微分方程，方程的解都由两部分组成：一部分是方程的特解，即稳态值，称为稳态分量，因为稳态分量受电路输入激励的制约，故又称为强制分量；另一部分是相应的齐次方程的通解，它随时间的增长而衰减，当 t 趋于 ∞ 时，它就趋于零，故将其称为暂态分量，又因为暂态分量的变化规律不受输入激励的制约，因此相对于强制分量，它又称为自由分量。当暂态分量为零时，电路过渡过程就结束而进入稳态。过渡过程的快慢与电路的输入无关，而是取决于电路的时间常数。

第四节　一阶电路的全响应

观察与思考

　　一辆汽车既有初始速度，同时又在继续加速，则汽车的运动速度如何变化？有一壶水既有一定温度，同时又给它加热，水温如何变化？

　　前面讨论了一阶电路的零输入响应和零状态响应。当一个非零初始状态的一阶电路受到外加激励作用时，电路中所产生的响应称为全响应。

　　如图 9-15 所示电路，设开关 S 闭合前电容 C 已被充电，且原稳态电路中电容电压 $u_C(0_+) = U_o$。在 $t = 0$ 时开关 S 闭合，RC 串联电路与电压源 U_s 的直流电压源接通。换路后的电路响应由输入激励 U_s 和初始状态 U_o 共同产生，属于全响应。描述该电路的微分方程与前面讨论的 RC 电路零状态响应的电路方程式 $RC \dfrac{du_C}{dt} + u_C = U_s$（$t \geqslant 0$）完全一样，解的形式也完全类似，为

$$u_C(t) = U_s + A e^{-\frac{t}{\tau}} \quad (t \geqslant 0) \qquad (9\text{-}21)$$

区别在于电路的初始条件不同，待定系数 A 也会有所不同。此处的初始状态 $u_C(0_+) = u_C(0_-) = U_o$，代入式（9-21），可得

$$A = U_o - U_s$$

则电路电容电压的全响应为

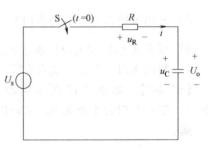

图 9-15　RC 电路的全响应电路

$$u_C(t) = U_s + (U_o - U_s) e^{-\frac{t}{\tau}} \quad (t \geqslant 0) \qquad (9\text{-}22)$$

电阻电压的全响应为

$$u_R(t) = U_s - u_C = (U_o - U_s) e^{-\frac{t}{\tau}} \quad (t \geqslant 0) \qquad (9\text{-}23)$$

电流的全响应为

$$i_R = \frac{u_R}{R} = \frac{U_s - U_o}{R} e^{-\frac{t}{\tau}} \quad (t \geqslant 0) \qquad (9\text{-}24)$$

　　线性一阶电路全响应的两种分解方式：

　　1）全响应分解为稳态分量和暂态分量之和。式 $u_C(t) = U_s + (U_o - U_s) e^{-\frac{t}{\tau}}$ 中的右边第一项 U_s 为 U_C 的特解，取决于激励的性质，一般情况下，t 趋于 ∞ 时，其值不为零，故称为稳态响应（强制响应）。第二项 $(U_o - U_s) e^{-\frac{t}{\tau}}$ 为 u_C 的齐次解，它是按指数规律衰减变化的，其规律取决于电路的特性，与激励的性质无关，t 趋于 ∞ 时，其值为零，故称为暂态响应（自由响应）。即全响应=稳态分量（强制响应）+暂态分量（自由响应）。这种分解形式强调了电路的暂态和稳态两种工作状态。换路后，时间经过 $(3 \sim 5)\tau$，暂态分量消失，电路进入新的稳态。

2) 全响应分解为零输入响应和零状态响应之和。将式 $u_C(t) = U_s + (U_0 - U_s)e^{-\frac{t}{\tau}}$ 改写为 $u_C(t) = U_0 e^{-\frac{t}{\tau}} + U_s(1 - e^{-\frac{t}{\tau}})$。式中右边第一项是 u_C 的零输入响应,第二项则是 u_C 的零状态响应。全响应是由初始状态和输入激励共同产生的,因此电路中的任一全响应都可以看成是零输入响应和零状态响应的叠加,即全响应 = 零输入响应 + 零状态响应。而零输入响应和零状态响应都是全响应的一种特例。

第五节　一阶电路的三要素法

前面分析任何一个一阶电路都是求解一阶微分方程式的过程,方程的解都由稳态分量和暂态分量组成。如果将待求电压或电流用 $f(t)$ 表示,其初始值和稳态值分别用 $f(0_+)$ 和 $f(\infty)$ 表示,则它们的解的形式为

$$f(t) = f(\infty) + Ae^{-\frac{t}{\tau}}$$

$t = 0_+$ 时

$$f(0_+) = f(\infty) + Ae^{-\frac{0}{\tau}}$$
$$A = f(0_+) - f(\infty)$$

一阶电路的解可表达为

$$f(t) = f(\infty) + [f(0_+) - f(\infty)]e^{-\frac{t}{\tau}} \quad (t \geq 0) \tag{9-25}$$

式中,初始值 $f(\infty)$、稳态值 $f(0_+)$ 和时间常数 τ 这三个量称为一阶电路的三要素,式 (9-25) 称为一阶电路的三要素公式。由三要素可以直接写出一阶电路过渡过程的解。此方法叫作三要素法。

>> 想一想:

求解一阶电路三要素法的特点是什么?

分析一阶电路响应的三要素法,只要求计算出响应的初始值 $f(\infty)$、稳态值 $f(0_+)$ 和时间常数 τ,即可直接写出一阶电路任一电压或电流响应的表达式,因此求解一阶电路的响应问题就转化成求解三要素问题,步骤如下:

1) 确定初始值,按本章第一节中的方法求取。

2) 确定稳态值,可在换路后 t 趋于 ∞ 的稳态等效电路中求取。当电路激励是直流激励时,电路达到稳态后,电容相当于开路,电感相当于短路,此时就是对稳态直流电阻电路的分析计算。

3) 求时间常数,$\tau = RC$ 或 L/R,其中 R 值是换路后断开储能元件 C 或 L,由储能元件两端看进去,用戴维南等效电路求得的等效电阻。

4) 根据所求得的三要素,代入 $f(t) = f(\infty) + [f(0_+) - f(\infty)]e^{-\frac{t}{\tau}}$ 即可得响应电流或电压的动态过程表达式。

第九章　动态电路的暂态分析

【例 9-8】　如图 9-16a 所示电路，已知 $R_1=100\Omega$，$R_2=400\Omega$，$C=125\mu F$，$U_s=200V$，在换路前电容有电压 $u_C(0_-)=50V$。求 S 闭合后电容电压和电流的变化规律。

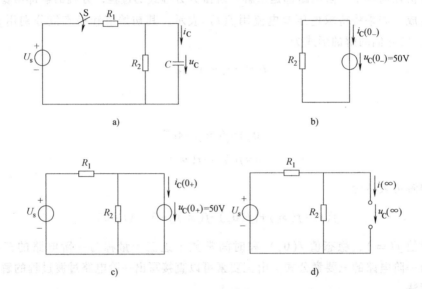

图 9-16　例 9-8 图

解: 用三要素法求解。步骤如下:

1）画 $t=0_-$ 时的等效电路，如图 9-16b 所示。由题意已知 $u_C(0_-)=50V$。

2）画 $t=0_+$ 时的等效电路，如图 9-16c 所示。由换路定律可得

$$u_C(0_+)=u_C(0_-)=50V$$

3）画 $t=\infty$ 时的等效电路，如图 9-16d 所示。

$$u_C(\infty)=\frac{U_s}{R_1+R_2}R_2=\frac{200}{100+400}\times 400V=160V$$

4）求电路时间常数 τ。

$$R=\frac{R_1 R_2}{R_1+R_2}=\frac{100\times 400}{100+400}\Omega=80\Omega$$

$$\tau=RC=80\times 125\times 10^{-6}s=0.01s$$

5）由一阶电路的三要素公式 $f(t)=f(\infty)+[f(0_+)-f(\infty)]e^{-\frac{t}{\tau}}$ 得

$$u_C(t)=u_C(\infty)+[u_C(0_+)-u_C(\infty)]e^{-\frac{t}{\tau}}$$

$$=[160+(50-160)e^{-\frac{t}{0.01}}]V$$

$$= (160 - 110e^{-100t})\,\text{V}$$

$$i_C(t) = C\frac{du_C(t)}{dt} = 1.375e^{-100t}\,\text{A}$$

波形如图 9-17 所示。

【例 9-9】 图 9-18 所示电路中，已知 $R_1 = 3\Omega$，$R_2 = 6\Omega$，$C = 1\text{F}$，$U_s = 18\text{V}$，换路前电路已处于稳态。求 $t \geq 0$ 时的电容电压 $u_C(t)$ 和电流 $i(t)$。

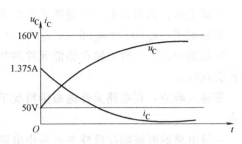

图 9-17 例 9-8 波形

解：用三要素法求解步骤如下：

1）求 $u_C(0_+)$。

由于 $u_C(0_-) = U_s = 18\text{V}$

由换路定律得 $u_C(0_+) = u_C(0_-) = U_s = 18\text{V}$

2）求 $u_C(\infty)$。

当开关合上后，电路再次达到稳态时，C 又相当于开路，即

$$u_C(\infty) = \frac{R}{R_1 + R_2}U_s = \frac{6}{9} \times 18\text{V} = 12\text{V}$$

3）求 τ。

换路后，断开电容 C，得到戴维南等效电阻为

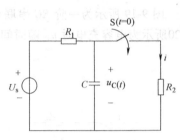

图 9-18 例 9-9 图

$$R = \frac{R_1 R_2}{R_1 + R_2} = \frac{3 \times 6}{3 + 6}\Omega = 2\Omega$$

$$\tau = RC = 2 \times 1\text{s} = 2\text{s}$$

4）代入三要素公式，得

$$u_C(t) = u_C(\infty) + [u_C(0_+) - u_C(\infty)]e^{-\frac{t}{\tau}}$$

$$= [12 + (18 - 12)e^{-\frac{t}{2}}]\,\text{V}$$

$$= (12 + 6e^{-\frac{t}{2}})\,\text{V}$$

$$i(t) = \frac{u_C(t)}{R_2} = (2 + e^{-\frac{t}{2}})\,\text{A}$$

说明，三要素法并非只适用于直流激励下的一阶电路，对于激励为周期信号的电路也是适用的。

实验九 一阶电路的时域响应

一、实验目的

1）研究一阶电路的时域响应。

2）学会用示波器观察和分析电路的时域响应，测量一阶电路的时间常数。

3）研究积分电路和微分电路。

4）学会正确使用函数信号发生器。

二、实验原理

1. 一阶电路的时域响应

一阶电路：只包含有一个储能元件电容或电感的电路。

换路定律：$u_C(0_+) = u_C(0_-)$，$i_L(0_+) = i_L(0_-)$。

零状态响应：一阶电路在储能元件的初始值为零的情况下，由外施激励引起的响应称为零状态响应。

零输入响应：在电路无外施激励情况下，由储能元件的初始状态引起的响应称为零输入响应。

一阶电路的时域响应特性主要是由电路的时间常数 τ 来决定的。对于一阶 RC 电路，时间常数 $\tau = RC$。

图 9-19 所示为一阶 RC 串联电路。当 S 接至 1 时，为零状态响应，对电容充电。如图 9-20 所示为电容充电时 u_C 随时间变化的波形。

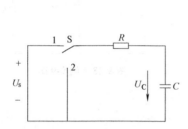

图 9-19　一阶 RC 串联电路

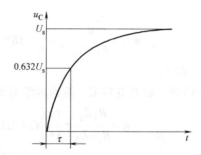

图 9-20　电容充电时 u_C 随时间变化的波形

电容上电压 u_C 随时间变化的规律（零状态响应）为

$$u_C = U_s(1 - e^{-\frac{t}{\tau}}) \qquad (t \geqslant 0)$$

$$t = \tau \qquad u_C = 0.632U_s$$

$$\vdots \qquad\qquad \vdots$$

$$t > 5\tau \qquad u_C = U_s$$

当 S 接至 2 时，为零输入响应，电容放电。如图 9-21 所示电容放电时 u_C 随时间变化的波形。

电容器经电阻 R 放电，u_C 随时间的变化规律（零输入响应）为

$$u_C = U_s e^{-\frac{t}{\tau}} \qquad (t \geqslant 0)$$

$$t = \tau \qquad u_C = 0.368U_s$$

$$\vdots \qquad\qquad \vdots$$

$$t > 5\tau \qquad u_C = 0$$

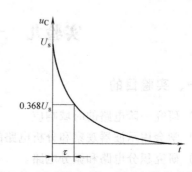

2. 积分电路

图 9-22 所示为 RC 积分电路。

图 9-21　电容放电时 u_C 随时间变化的波形

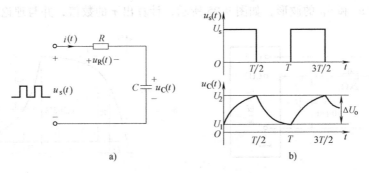

图 9-22 *RC* 积分电路

当时间常数 τ 很大 $\left(\tau \geqslant 10\dfrac{T}{2}\right)$ 时，由于 $u_C(t) \ll u_R(t)$，所以 $u_s(t) \approx u_R(t)$，有 $u_C(t) = \dfrac{1}{C}\displaystyle\int_0^t i(t)\,\mathrm{d}t \approx \dfrac{1}{RC}\displaystyle\int_0^t u_s(t)\,\mathrm{d}t$。

可知，输出电压是输入电压的积分，输出波形近似为一个三角波，这种电路称为积分电路。

3. 微分电路

图 9-23 所示为 *RC* 微分电路。

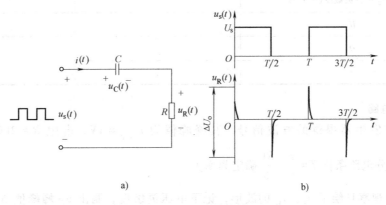

图 9-23 *RC* 微分电路

当时间常数 τ 很小 $\left(\tau \leqslant \dfrac{1}{10} \cdot \dfrac{T}{2}\right)$ 时，由于 $u_C(t) \gg u_R(t)$，所以

$$u_o(t) = Ri(t) = RC\frac{\mathrm{d}u_C(t)}{\mathrm{d}t} \approx RC\frac{\mathrm{d}u_s(t)}{\mathrm{d}t}$$

可知，输出电压是输入电压的微分，这种电路称为微分电路。

三、实验设备与器件

实验底板 1 台、函数发生器 1 台、双踪示波器 1 台。

四、实验内容

1. 测 *RC* 电路的时间常数

按图 9-24 所示接线，适当选择电路参数，用双踪示波器的双通道 CH1 和 CH2 观察且按

1∶1 比例绘下 u_s 和 u_C 的波形，如图 9-25 所示，计算出 τ 的数值，并与理论值相比较。

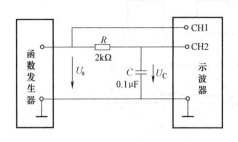

图 9-24　实验接线图

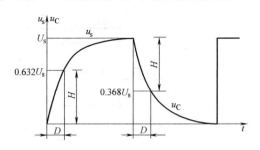

图 9-25　u_s 和 u_C 的波形

H 是充电过程 u_C 由 0 上升至 $0.632U_s$ 时或放电过程 u_C 由 U_s 下降至 $0.368U_s$ 时垂直方向的格数，D 是相应的水平方向的格数。则水平方向对应的距离 D 乘以示波器的时基标尺，即为常数 τ。实验数据记录在表 9-1 中。

表 9-1　实验数据的记录

	充电过程	放电过程
CH_1、CH_2 电压灵敏度（V/div）		
H		
D		
τ		

2. 积分电路

u_s 为函数发生器提供的方波信号，其峰峰值为 $u_{sp\text{-}p} = 1V$，电阻 $R = 2k\Omega$，电容 $C = 0.1\mu F$，按积分电路条件 $T = \dfrac{\tau}{5} = \dfrac{RC}{5}$ 确定频率 f。

用示波器观察且绘下 u_s、u_C 的波形，记下电压灵敏度，测出 u_C 峰峰值 ΔU_o 和 T 的数值。将 ΔU_o 测量值与理论值比较，理论值 $\Delta U_o = \dfrac{1}{RC}\dfrac{U_s T}{4}$。

3. 微分电路

将图 9-24 中 R 和 C 的位置交换。

按微分电路条件 $T = 20\tau = 20RC$ 确定频率 f。

用示波器观察且绘制 u_s、u_R 的波形，记下电压灵敏度，测出 u_R 峰峰值 ΔU_o 和 T 的数值。将测量值与理论值相比较，理论值 $\Delta U_o = 2U_s$。

五、实验注意事项

1）调节电子仪器各旋钮时，动作不要过快、过猛。

2）信号源的接地端与示波器的接地端要连在一起（称共地），以防外界干扰而影响测量的准确性。

第六节 阶跃函数和阶跃响应

一、阶跃函数

首先介绍三种阶跃函数。

1) 单位阶跃函数，用符号 $\varepsilon(t)$ 表示，其定义为

$$\varepsilon(t) = \begin{cases} 0 & t<0 \\ 1 & t>0 \end{cases} \tag{9-26}$$

其波形如图 9-26a 所示。

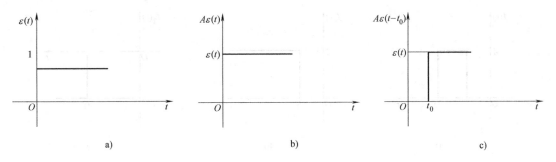

图 9-26 阶跃函数

2) 幅度为 A 的阶跃函数。$\varepsilon(t)$ 乘以常量 A，所得结果 $A\varepsilon(t)$ 称为幅度为 A 的阶跃函数，其表达式为

$$A\varepsilon(t) = \begin{cases} 0 & t<0 \\ A & t>0 \end{cases} \tag{9-27}$$

波形如图 9-26b 所示，其中阶跃幅度 A 称为阶跃量。

3) 延迟阶跃函数。阶跃函数在时间上延迟 t_0，称为延迟阶跃函数。波形如图 9-26c 所示，它在 $t-t_0$ 处出现阶跃，数学上可表示为

$$A\varepsilon(t-t_0) = \begin{cases} 0 & t<t_0 \\ A & t>t_0 \end{cases} \tag{9-28}$$

二、阶跃函数的作用

1. 代替开关的动作

当直流电压源或直流电流源通过一个开关的作用施加到某个电路时，有时可以表示为一个阶跃电压或阶跃电流作用于该电路。

例如图 9-27a 所示开关电路，就其端口所产生的电压波形 $u(t)$ 来说，等效于图 9-27b 所示的阶跃电压源 $U_0\varepsilon(t)$。

图 9-27c 所示开关电路，就其端口所产生的电流波形 $i(t)$ 来说，等效于图 9-27d 所示的阶跃电流源 $I_0\varepsilon(t)$。

2. 组成其他复杂信号

阶跃函数的另一个重要应用是以简洁的方式表示其他复杂信号。例如图 9-28a 所示的矩

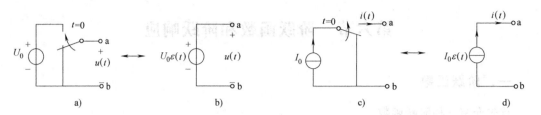

图 9-27　用阶跃电源来表示开关的作用

形脉冲信号，可以分解为图 9-28b 和图 9-28c 所示的两个阶跃函数的合成，可表示为

$$f(t)=f_1(t)+f_2(t)=A\varepsilon(t-t_1)-A\varepsilon(t-t_2)$$ （9-29）
$$=A[\varepsilon(t-t_1)-\varepsilon(t-t_2)]$$

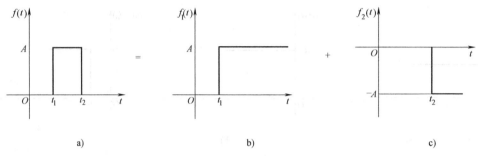

图 9-28　$\varepsilon(t)$ 表示矩形脉冲信号

3. 截取信号

用单位阶跃函数截取任意信号，如图 9-29a 所示为任一信号 $f(t)$，若要使该信号在 $t<0$ 时为零值，则可将 $f(t)$ 乘以 $\varepsilon(t)$，得到如图 9-29b 所示信号；若要 $f(t)$ 在 $t=t_0$ 时开始作用，则可用 $f(t)\varepsilon(t-t_0)$ 表示，得到如图 9-29c 所示信号，即任一信号乘以单位阶跃函数后就变为有始信号。

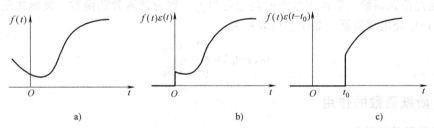

图 9-29　矩形脉冲分解成阶跃函数

三、阶跃响应

电路在单位阶跃函数激励下产生的零状态响应称为单位阶跃响应，用 $g(t)$ 表示。一般阶跃函数作用下，电路的零状态响应称为阶跃响应。

单位阶跃函数 $\varepsilon(t)$ 作用于电路相当于单位直流源（1V 或 1A）在 $t=0$ 时接入电路，因此对于一阶电路，电路的单位阶跃响应可用三要素法求解。若已知电路的单位阶跃响应 $g(t)$，则电路对任意阶跃激励 $A\varepsilon(t)$ 的阶跃响应为 $Ag(t)$，对延迟阶跃激励 $A\varepsilon(t-t_0)$ 的阶

跃响应为 $Ag(t-t_0)$。

>> 想一想：

何为"三要素法"？

【例 9-10】 如图 9-30a 所示电路，已知 $R_1 = 4\Omega$，$R_2 = 6\Omega$，$C = 0.2F$，其激励 i_s 的波形如图 9-30b 所示，试求电路的零状态响应 $u_C(t)$。

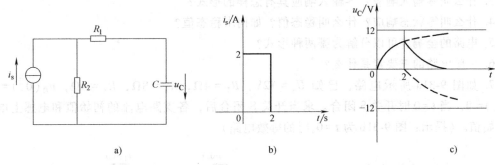

图 9-30 例 9-10 图

解： 此题可用两种方法求解。

方法一：应用单位阶跃响应和电路性质求解。激励 $i_s(t)$ 可表示为

$$i_s(t) = [2\varepsilon(t) - 2\varepsilon(t-2)] \text{A}$$

根据电路的线性时不变性质，其零状态响应为

$$u_C(t) = [2g(t) - 2g(t-2)] \text{V}$$

式中，$g(t)$ 为单位阶跃响应，可利用三要素法求得。因为 $u_C(0_+) = 0$，而在 $i_s = \varepsilon(t)$ 作用下，其稳态值和时间常数分别为

$$u_C(\infty) = 6 \times 1\text{V} = 6\text{V}$$

$$\tau = RC = 10 \times 0.2\text{s} = 2\text{s}$$

故有单位阶跃响应

$$g(t) = 6(1 - e^{-\frac{t}{2}})\varepsilon(t) \text{V}$$

将 $g(t)$ 代入 $u_C(t) = [2g(t) - 2g(t-2)]\text{V}$，得零状态响应为

$$u_C(t) = [12(1 - e^{-\frac{t}{2}})\varepsilon(t) - 12(1 - e^{-\frac{t-2}{2}})\varepsilon(t-2)] \text{V}$$

其波形如图 9-30c 所示。

方法二：按电路的工作过程分区间求解。先求 $0 < t \leq 2$ 区间电路的零状态响应

$$u_{Cf}(t) = 12(1 - e^{-\frac{t}{2}}) \text{V}$$

再求 $t > 2s$ 电路的零输入响应。由于 $t = 2s$ 时电压为

$$u_C(2) = u_{Cf}(2) = 12(1 - e^{-\frac{2}{2}}) \text{V} = 7.59\text{V}$$

故有

$$u_{Cx}(t) = 7.59 e^{-\frac{t-2}{2}} \text{V} \qquad t \geq 2\text{s}$$

在 i_s 作用下，电容上的输出电压为

$$u_C(t) = \begin{cases} 12\left(1 - e^{-\frac{t}{2}}\right)\text{V} & 0 < t \leqslant 2\text{s} \\ 7.59 e^{-\frac{t-2}{2}}\text{V} & t \geqslant 2\text{s} \end{cases}$$

习　题

1. 试分别说明电容和电感元件在什么时候可看成开路，什么时候又可看成短路。

2. 一阶电路如何从电路组成上判断？

3. 什么叫零输入响应？零输入响应具有怎样的形式？

4. 什么叫零状态响应？什么叫稳态值？如何求稳态值？

5. 电路的全响应可以分解为哪两种形式？

6. 一阶电路的三要素是什么？

7. 如图 9-31a 所示电路，已知 $U_s = 12\text{V}$，$R_1 = 4\Omega$，$R_2 = 8\Omega$，$R_3 = 4\Omega$，$u_C(0_-) = 0$，$i_L(0_-) = 0$，当 $t = 0$ 时开关 S 闭合。求当开关 S 闭合后，各支路电流的初始值和电感上电压的初始值。（提示：图 9-31b 为 $t = 0_+$ 时的等效电路）

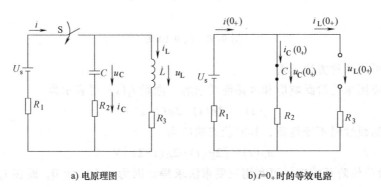

a) 电原理图　　　　　　　b) $t = 0_+$ 时的等效电路

图 9-31　第 7 题图

8. 图 9-32 所示电路中，已知 $R_1 = 6\Omega$，$R_2 = 4\Omega$。开关闭合前电路已处于稳态，求换路后瞬间各支路的电流。

9. 图 9-32 所示电路中，开关闭合前已达稳态，已知 $R_1 = 4\Omega$，$R_2 = 6\Omega$，求换路后瞬间各元件上的电压和通过的电流。

10. 图 9-33 所示电路为一直流发电机电路简图，已知励磁电阻 $R = 20\Omega$，励磁电感 $L = 20\text{H}$，外加电压为 $U_s = 200\text{V}$。试求：（1）当 S 闭合后，励磁电流的变化规律和达到稳态值所需的时间；（2）如果将电源电压提高到 250V，求励磁电流达到额定值的时间。

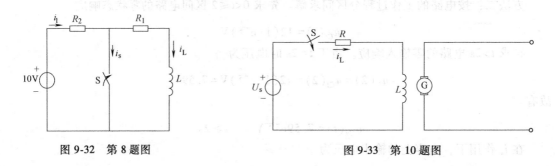

图 9-32　第 8 题图　　　　　　　　　　图 9-33　第 10 题图

11. RC 串联电路中，已知 $R = 100\Omega$，$C = 10\mu\mathrm{F}$，接到电压为 100V 的直流电源上，接通前电容上电压为零。求接通电源后 1.5ms 时电容上的电压和电流。

12. RL 串联电路中，已知 $R = 10\Omega$，$L = 0.5\mathrm{mH}$，接到电压为 100V 的直流电源上，接通前电感上电压为零。求接通电源后电流达到 9A 所经历的时间。

13. 图 9-34 所示电路中，开关 S 断开前电路处于稳态。设已知 $U_\mathrm{s} = 20\mathrm{V}$，$R_1 = R_2 = 2\mathrm{k}\Omega$，$C = 1\mu\mathrm{F}$。求开关打开后，$u_C$ 和 i_C 的解析式，并画出其曲线。

14. 如图 9-35 所示电路，已知 $U_\mathrm{s} = 100\mathrm{V}$，$R_0 = 150\Omega$，$R = 50\Omega$，$L = 1\mathrm{H}$，在开关 S 闭合前电路已处于稳态，$t = 0$ 时将开关 S 闭合，求开关闭合后电流 i 和电压 U_L 的变化规律。

15. 如图示 9-36 所示电路，已知 $R_1 = 10\Omega$，$R_2 = 20\Omega$，$R_3 = 10\Omega$，$L = 0.5\mathrm{H}$，$t = 0$ 时开关 S 闭合，开关闭合前电路处于稳态，试求电感上电流和电压的变化规律。

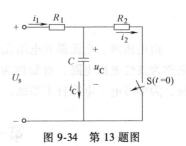

图 9-34　第 13 题图

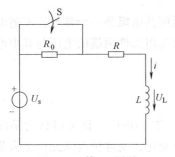

图 9-35　第 14 题图

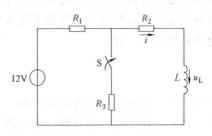

图 9-36　第 15 题图

16. 如图 9-37 所示电路，已知 $R_1 = 10\Omega$，$R_2 = 40\Omega$，$R_3 = 10\Omega$，$C = 0.2\mathrm{F}$，换路前电路处于稳态，求换路后的 i_C 和 u_C。

17. 图 9-38 所示电路中，开关 S 闭合前电路达到稳态，已知 $U_\mathrm{s} = 36\mathrm{V}$，$R_1 = 8\Omega$，$R_2 = 12\Omega$，$L = 0.4\mathrm{H}$，求开关闭合后电感电流 i_L 及电压 u_L 的解析式。

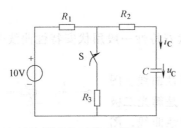

图 9-37　第 16 题图

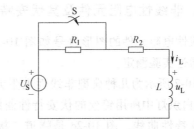

图 9-38　第 17 题图

第九章　动态电路的暂态分析

第十章 非线性电阻电路

由电压源、电流源和电阻元件构成的电路，称为电阻电路。如果电阻元件都是线性的，则称为线性电阻电路，否则称为非线性电阻电路。本章重点讨论简单非线性电阻电路的分析，为学习电子电路打下基础。

第一节 非线性电阻元件

如果电阻元件两端的电压与通过的电流成正比，这说明其电阻是一个常数，不随电压或电流变化而变化，这种电阻元件称为线性电阻元件。线性电阻元件两端的电压与其中电流的关系遵循欧姆定律，即

$$R = \frac{U}{I} \tag{10-1}$$

实际上绝对线性电阻元件是没有的，如果基本上遵循式（10-1），则可以认为是线性电阻元件。如果电阻不是一个常数，而是随着电压或电流而变化，则这种电阻元件称为非线性电阻元件。由电源和非线性电阻元件构成的电路，称为非线性电阻电路。

由于非线性电阻元件的电阻不是常数，所以其伏安特性不遵循欧姆定律，一般不能用数学式表示，而是用电压、电流的关系曲线来表示。而那些适用于线性电路的定理，比如叠加定理、戴维南定理等，也不适用于非线性电路中。分析非线性电阻电路的依据就是基尔霍夫电流定律、基尔霍夫电压定律和元件的伏安关系。

一、非线性电阻元件及其伏安特性

非线性电阻元件的图形符号如图 10-1 所示，其伏安特性一般用伏安特性曲线来表示，通常是通过实验测定。

图 10-2 所示为几种典型非线性电阻元件的伏安特性曲线。图 10-2a 是白炽灯中所用钨丝的伏安特性曲线，图 10-2b 是辉光二极管的伏安特性曲线，图 10-2c 是隧道二极管的伏安特性曲线，图 10-2d 是半导体二极管的伏安特性曲线。

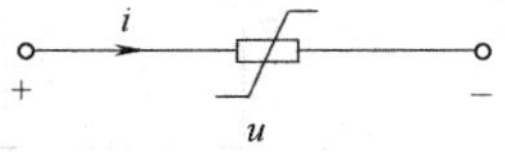

图 10-1 非线性电阻元件
的图形符号

非线性电阻元件种类很多，可以按照特性曲线的特点进行分类。特性曲线对称于原点的，称为双向电阻元件；否则就称为单向电阻元件。图 10-2a 表示的钨丝，就为双向电阻元件，图 10-2b、c、d 则为单向电阻元件。

在图 10-2b 中，每给定一个电流值，就可确定唯一的电压值，而对于一个电压值，则有两个或两个以上的电流值与之对应，这种电阻元件称为流控型电阻。在图 10-2c 中，每给定

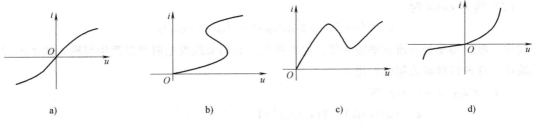

图 10-2 非线性电阻元件的伏安特性

一个电压值,就可确定唯一的电流值,但当给定一个电流值时,会有多个电压值与之对应,这种电阻元件称为压控型电阻。图 10-2a 和图 10-2d 所示的伏安特性,其特性曲线是单调增长或单调下降的,电压 u 随着电流的增大而增大或者减小,它既是电流控制的又是电压控制的,这种非线性电阻称为单调型电阻。

二、静态电阻与动态电阻

由于非线性电阻元件的电阻值随着电压或电流而变化,计算它的电阻就必须指明它的工作电流或工作电压。非线性电阻元件的电阻有两种表示方式,一种称为静态电阻(或称为直流电阻),它等于关联参考方向下工作点的电压 u 与电流 i 之比,即

$$R_{st} = \frac{u}{i} \qquad (10-2)$$

另一种称为动态电阻(或称为交流电阻),它等于关联参考方向下工作点附近的电压微变量与电流微变量之比,即

$$R_d = \frac{du}{di} \qquad (10-3)$$

在图 10-3 中可以看出,对于特性曲线上的某工作点 Q,其静态电阻 R_{st} 正比于 $\tan\alpha$,而动态电阻 R_d 正比于 $\tan\beta$。一般情况下,静态电阻和动态电阻是不相等的。静态电阻总是正值,动态电阻可能是正值,也可能是负值,在伏安特性曲线的下降段,非线性电阻元件具有负的动态电阻,在上升段具有正的动态电阻。另外在不同的工作点,非线性电阻元件具有不同的动态电阻和静态电阻。

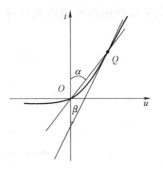

图 10-3 非线性电阻元件的
静态电阻和动态电阻

【例 10-1】 设一非线性电阻,其电流、电压的关系为 $u=f(i)=8i^4-8i^2+1$。

(1) 试分别求出 $i=1A$ 时的静态电阻 R_{st} 和动态电阻 R_d;

(2) 求 $i=\cos\omega t$ 时的电压 u;

(3) 设 $u_{12}=f(i_1+i_2)$,试问 u_{12} 是否等于 (u_1+u_2)?

解:(1) $i=1A$ 时的静态电阻 R_{st} 和动态电阻 R_d 为

$$R_{st} = \frac{8-8+1}{1}\Omega = 1\Omega$$

$$R_d = \frac{du}{di}\bigg|_{i=1} = 8\times4i^3-8\times2i = 32\Omega-16\Omega = 16\Omega$$

（2）当 $i=\cos\omega t$ 时

$$u=8i^4-8i^2+1=8\cos^4\omega t-8\cos^2\omega t+1=\cos4\omega t$$

上式中，电压频率是电流频率的 4 倍，由此可见，利用非线性电阻可以产生与输入频率不同的输出，这种特性称为倍频作用。

（3）当 $u_{12}=f(u_1+u_2)$ 时

$$
\begin{aligned}
u_{12}&=8(i_1+i_2)^4-8(i_1+i_2)^2+1\\
&=8(i_1^4+6i_1^2i_2^2+4i_1^3i_2+4i_1i_2^3+i_2^4)-(8i_1^2+2i_1i_2+i_2^2)+1\\
&=8i_1^4-8i_1^2+1+8i_2^4-8i_2^2+1+8(6i_1^2i_2^2+4i_1^3i_2+4i_1i_2^3)-16i_1i_2-1\\
&=u_1+u_2+8(6i_1^2i_2^2+4i_1^3i_2+4i_1i_2^3)-16i_1i_2-1
\end{aligned}
$$

显然可知

$$u_{12}\neq u_1+u_2$$

即叠加定理不适用于非线性电路。

第二节　图　解　法

在非线性电阻电路中，如果已知非线性电阻元件的伏安特性曲线，则可根据 KVL 和 KCL，借助于特性曲线，通过作图来分析、求解，这种分析方法称为图解法。图解法分为曲线相加法和曲线相交法。下面分别进行讨论。

一、曲线相加法

曲线相加法一般适用于两个非线性电阻串联或并联电路中。

如图 10-4 所示电路，两个非线性电阻元件 R_1 和 R_2 串联接到电源 U 上，已知 R_1、R_2 的伏安特性曲线分别如图 10-4 中的 $i_1(u)$ 和 $i_2(u)$ 所示，求两电阻元件上的电压和电流。

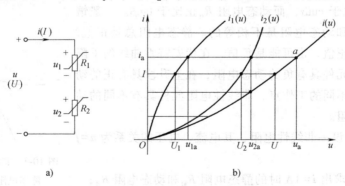

图 10-4　非线性电阻串联电路的曲线相加法

在图 10-4a 所示电路中，由 KCL 和 KVL 可知

$$u=u_1+u_2$$
$$i=i_1=i_2$$

因此，对每一个特定的电流 i，把它在 $i_1(u)$、$i_2(u)$ 特性曲线上所对应的电压值 u_1、u_2 相加，即可得到串联后的特性曲线。例如在图 10-4b 中的 $i=i_a$ 处，分别在 $i_1(u)$ 和 $i_2(u)$ 曲线上找到对应的电压值 u_{1a}、u_{2a}，根据 $u_a=u_{1a}+u_{2a}$ 就确定了新的一点 a。逐点重复这样的相

加，就得到了一条 $i(u)$ 曲线，它就是两电阻串联后的等效伏安特性曲线。由已知的电源电压 $u=U$ 就可在 $i(u)$ 上得到总电流 $i=I$，也即各电阻元件的电流，进而可分别在各元件的伏安特性曲线上得到相应的电压值 U_1 和 U_2。

同样道理，对于图 10-5a 所示的两个非线性电阻并联电路，因为有

$$u=u_1=u_2$$
$$i=i_1+i_2$$

只要将两个电阻的伏安特性曲线在同一电压下的电流相加，即可得到两电阻并联后的等效伏安特性曲线，利用等效伏安特性曲线就可求得不同情况下的各待求量。

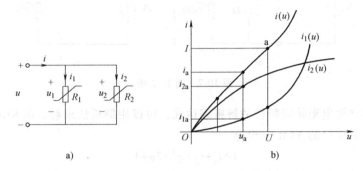

图 10-5　非线性电阻并联电路的曲线相加法

上述曲线相加法可推广到多个非线性电阻相串联或相并联的电路中。混联电路也可做类似的处理，如果两个非线性电阻并联后再与另一非线性电阻串联，可先求出并联部分的特性曲线，再按串联电路处理后，求得混联电路的特性曲线。

二、曲线相交法

在简单非线性电阻电路中，常遇到仅含一个非线性电阻的电路。如图 10-6a 所示电路，在 N 外仅有一个非线性电阻。N 中的电路总可以利用戴维南定理将其用一个独立电压源与一线性电阻串联的组合支路替代，如图 10-6b 所示的 ab 左端电路，根据 KVL 其外特性方程为

$$u=u_{oc}-R_{eq}i \tag{10-4}$$

假设 R_{eq} 为正值（在含受控源时可能为负值），该线性含源一端口 N 的外特性曲线如图 10-6c 所示是一条直线，直线交于 u 轴的值为开路电压 u_{oc}，直线交于 i 轴的值是含源一端口的短路电流 u_{oc}/R_{eq}。又因非线性电阻接于含源一端口处，所以 u 和 i 的关系也满足非线性

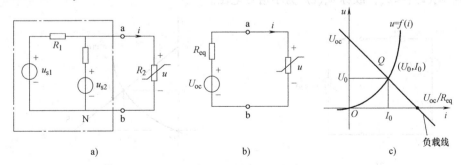

图 10-6　曲线相交法

电阻的特性 $u=f(i)$，也就是说一端口的特性曲线与非线性电阻的特性曲线的交点 $Q(U_0, I_0)$ 是要求的解，该点也称工作点。这种求解的方法称为曲线相交法。

在电子技术中常用曲线相交法确定晶体管的工作点，把非线性电阻看成负载电阻，一端口的外特性曲线习惯称作负载线。

【例 10-2】 电路如图 10-7a 所示。已知非线性电阻的 VCR 方程为 $i_1=u^2-3u+1$，试求电压 u 和电流 i。

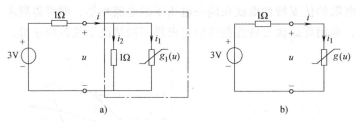

图 10-7　例 10-2 图

解： 已知非线性电阻伏安特性的解析表达式，可以用解析法求解。由 KCL 求得 1Ω 电阻和非线性电阻并联单口的 VCR 方程为

$$i=i_1+i_2=u^2-2u+1 \qquad (10-5)$$

写出 1Ω 电阻和 3V 电压源串联单口 N 的 VCR 方程为

$$i=3-u \qquad (10-6)$$

由式 (10-5)、式 (10-6) 求得

$$u^2-u-2=0$$

求解此二次方程，得到两组解答，即

$$u=2V, \quad i=1A;$$

$$u=-1V, \quad i=4A。$$

第三节　小信号分析法

小信号分析法是分析非线性电阻电路的一种极其独特的方法。在工程实践中，特别是在电子电路中，常会遇到既含有作为偏置电路的直流电源又含有交变电源的非线性电路。而且交变电源相对直流电源要小得多。如图 10-8a 所示电路，U_s 为直流电压源，$u_s(t)$ 为交变电压源，且 $|u_s(t)| \ll U_s$，故称 $u_s(t)$ 为小信号电压。

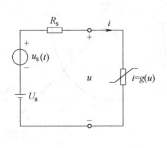

图 10-8　非线性电路的小信号分析

电阻 R_s 为线性电阻，非线性电阻为电压控制电阻，其电压、电流关系为 $i=g(u)$，图 10-8b 为其特性曲线。根据 KVL 列写电路方程为

$$U_s+u_s(t)=R_s i(t)+u(t) \tag{10-7}$$

又有

$$U_s+u_s(t)=R_s g(u)+u(t) \tag{10-8}$$

如果没有小信号 $u_s(t)$ 存在，该非线性电路的解，可由一端口的特性曲线（负载线）AB 与非线性电阻特性曲线相交的交点来确定，即 $Q(U_0,I_0)$。该交点称为静态工作点，当有小信号加入后，电路中的电流和电压都随时间变化，但是由于 $u_s(t) \ll U_s$，致使电路的解 $u(t)$ 和 $i(t)$ 必然在工作点 $Q(U_0,I_0)$ 附近变动，因此，电路的解就可以写为

$$u(t)=U_0+u_\delta(t) \tag{10-9}$$

$$i(t)=I_0+i_\delta(t) \tag{10-10}$$

式（10-9）和式（10-10）中的 $u_\delta(t)$ 和 $i_\delta(t)$ 是由小信号 $u_s(t)$ 引起的偏差。在任何时刻 t，$u_\delta(t)$ 和 $i_\delta(t)$ 相对 U_0 和 I_0 都是很小的。

由于 $i=g(u)$，而 $u=U_0+u_\delta(t)$，所以

$$I_0+i_\delta(t)=g[U_0+u_\delta(t)] \tag{10-11}$$

因 $u_\delta(t)$ 很小，可将式（11-11）右边项在工作点 Q 附近用泰勒级数展开表示为

$$I_0+i_\delta(t)=g(U_0)+g'(U_0)u_\delta(t)+\frac{1}{2}g''(U_0)u_\delta^2(t)+\cdots \tag{10-12}$$

考虑到 $u_\delta(t)$ 很小，可只取一阶近似，而略去高阶项，式（10-10）为

$$I_0+i_\delta(t)\approx g(U_0)+g'(U_0)u_\delta(t) \tag{10-13}$$

由于 $I_0=g(U_0)$，则式（10-13）可写为

$$i_\delta(t)=g'(U_0)u_\delta(t)$$

故有

$$\left.\frac{\mathrm{d}g}{\mathrm{d}u}\right|_{U_0}=\frac{i_\delta(t)}{u_\delta(t)}=G_d=\frac{1}{R_d} \tag{10-14}$$

式（10-14）中的 G_d 为非线性电阻在 Q 点处的动态电导，即动态电阻 R_d 的倒数，二者取决于非线性电阻在 Q 点处的斜率，是一个常数。小信号电压和电流的关系可写为

$$i_\delta(t)=G_d u_\delta(t)$$

或

$$u_\delta(t)=R_d i_\delta(t) \tag{10-15}$$

由式（10-7）、式（10-9）和式（10-10）可得

$$U_s+u_s(t)=R_s[I_0+i_\delta(t)]+U_0+u_\delta(t) \tag{10-16}$$

由于

$$U_s=R_s I_0+U_0$$

所以式（10-16）可写为

$$u_s(t)=R_s i_\delta(t)+R_d i_\delta(t) \tag{10-17}$$

式（10-17）为一线性代数方程，由此方程式可以画出一个相应的电路，如图 10-9 所示，该电路为非线性电路在工作点处的小信号等效电路。此等效电路为一线性电路，于是求得

$$i_\delta(t)=\frac{u_s(t)}{R_s+R_d}$$

$$u_\delta(t)=R_d i_\delta(t)=\frac{R_d u_s(t)}{R_s+R_d}$$

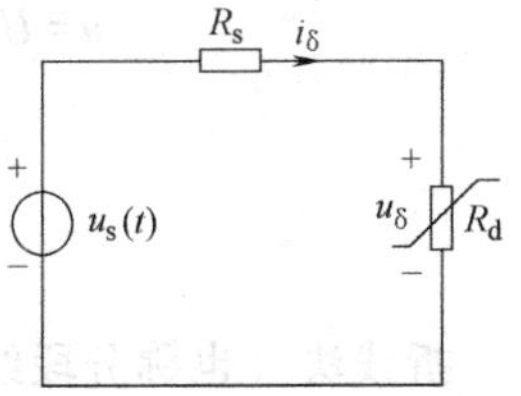

图 10-9 小信号等效电路

通过以上分析，对于既含直流电源又含小信号交变电源的非线性电路，求解步骤如下：

1）计算静态工作点 $Q(U_0, I_0)$。

2）确定静态工作点处的动态电阻 R_d 或动态电导 G_d。

3）画出小信号等效电路，并计算小信号响应 $u_\delta(t)$ 和 $i_\delta(t)$。

4）求非线性电路的全响应 $u = U_0 + u_\delta(t)$ 和 $i = I_0 + i_\delta(t)$。

【例 10-3】 如图 10-10 所示非线性电阻电路，非线性电阻的电压、电流关系为 $i = \dfrac{1}{2}u^2$ （$u > 0$），式中电流 i 的单位为 A，电压 u 的单位为 V。电阻 $R_s = 1\Omega$，直流电压源 $U_s = 3V$，直流电流源 $I_s = 1A$，小信号电压源 $u_s(t) = 3 \times 10^{-3}\cos\omega t\,V$，试求 u 和 i。

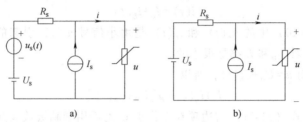

图 10-10 例 10-3 图

解： 求静态工作点 $Q(U_0, I_0)$，小信号源 $u_s(t) = 0$ 时，由图 10-10b 所示电路得

$$u = 4 - i$$

$$i = \frac{1}{2}u^2$$

解得静态工作点 $Q(U_0, I_0) = Q(2, 2)$，即

$$U_0 = 2V$$

$$I_0 = 2A$$

工作点处的动态电导为

$$G_d = \left.\frac{di}{du}\right|_{u=2} = \left.\frac{d}{du}\left(\frac{1}{2}u^2\right)\right|_{u=2} = 2S$$

动态电阻为 $R_d = 1/2\,\Omega$，小信号等效电路如图 10-11 所示，从而求出小信号响应为

$$i_\delta(t) = \frac{u_s(t)}{R_s + R_d} = \frac{3 \times 10^{-3}\cos\omega t}{1 + \dfrac{1}{2}} = 2 \times 10^{-3}\cos\omega t\,A$$

$$u_\delta(t) = R_d i_\delta(t) = 0.5 \times 2 \times 10^{-3}\cos\omega t = 10^{-3}\cos\omega t\,V$$

求其全响应为

$$i = I_0 + i_\delta(t) = (2 + 2 \times 10^{-3}\cos\omega t)\,A$$

$$u = U_0 + u_\delta(t) = (2 + 10^{-3}\cos\omega t)\,V$$

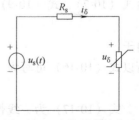

图 10-11 小信号等效电路

第四节 折 线 法

折线法（也称分段线性化法）是研究非线性电阻电路的一种有效的方法，它根据非线性电阻元件的实际工作范围，将该范围内的伏安特性曲线近似地用一段折线来表示，进而用

一条线性支路来代替非线性元件，从而使计算简单化。它的特点在于能把非线性特性曲线用一些分段的直线来近似地逼近，对于每个线段来说，又可应用线性电路的计算方法。

隧道二极管的特性曲线可近似如图 10-12a 所示，运用折线法处理，可将其分成 Oa、ab、bc 三段，每一段都近似为一条直线。若工作点 Q 在某段范围内，则该段曲线在 Q 点处的切线可近似代替原曲线。如果工作点 Q_1 在 Oa 段，即工作电压在 $0<U<U_1$ 的范围内，其切线方程可表示为

$$u = iR_{d1} \tag{10-18}$$

式中，R_{d1} 为非线性电阻元件在 Q_1 点的动态电阻，式（10-18）对应的线性等效电路如图 10-12b 所示。若工作点 Q_2 在 ab 段，即工作电压在 $U_1<U<U_2$ 的范围内，则其切线方程为

$$u = U_{02} + iR_{d2} \tag{10-19}$$

式中，U_{02} 为该切线在横轴上的截距；R_{d2} 为非线性电阻元件在 Q_2 点的动态电阻，可以看出，此处的 R_{d2} 为负值。与式（10-19）所对应的等效电路如图 10-12c 所示。若工作点 Q_3 在 bc 段，即工作电压在 $U_2<U<U_3$ 的范围内，则其切线方程为

$$u = U_{03} + iR_{d3} \tag{10-20}$$

式中，U_{03} 为该切线在横轴上的截距；R_{d3} 为非线性电阻元件在 Q_3 点的动态电阻。与式（10-20）所对应的等效电路如图 10-12d 所示。

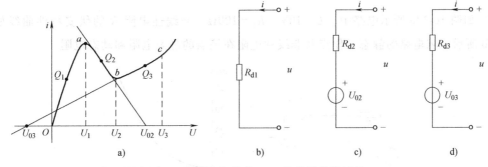

图 10-12 隧道二极管的 VCR 的分段线性近似

根据以上讨论可知，对于非线性电阻元件，可以在其工作范围内用一条线性等效电阻代替，这样对非线性电阻电路的计算就转化成了对线性电阻电路的计算，使问题简单化。

【例 10-4】 图 10-13a 为一简单稳压电路，稳压二极管 VS 的伏安特性如图 10-13b 1 线所示。

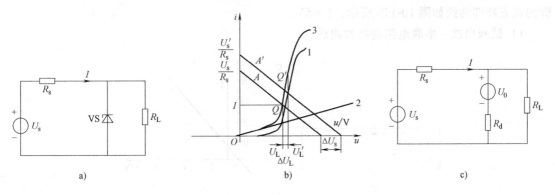

图 10-13 例 10-4 图

R_L 是线性电阻，其伏安特性是一直线，如图 10-13b 中 2 线所示。已知 $R_s = R_L = 1\text{k}\Omega$，稳压管工作点 Q 处的动态电阻 $R_d = 30\Omega$，切线在横轴上的截距 $U_0 = 12\text{V}$，当 U_s 在 30~33V 间变化时，其输出电压变化范围为多少？

解： 由已知条件可得稳压管在工作范围内的折线方程为

$$u = U_0 + iR_d = 12 + 30i$$

则图 10-13a 的非线性电路可用图 10-13c 所示的线性等效电路代替。

由节点电压法，有

$$U_L = \frac{U_s/R_s + U_0/R_d}{1/R_s + 1/R_d + 1/R_L}$$

当 $U_s = 30\text{V}$ 时，$U_L = \dfrac{30/1000 + 12/30}{1/1000 + 1/30 + 1/1000}\text{V} = 12.65\text{V}$

当 $U_s = 33\text{V}$ 时，$U_L' = \dfrac{30/1000 + 12/30}{1/1000 + 1/30 + 1/1000}\text{V} = 12.73\text{V}$

可见，当输入电压变化 $\Delta U_s = (33 - 30)\text{V}$ 时，输出电压只变化了 $\Delta U_L = (12.73 - 12.65)\text{V} = 0.08\text{V}$，显然具有稳压的作用。

习 题

1. 如图 10-14a 所示电路中，$U = 10\text{V}$，$R_1 = 100\Omega$，非线性电阻 R 的伏安特性曲线如图 10-14b 所示，求电路的静态工作点及非线性电阻在该点的静态电阻和动态电阻。

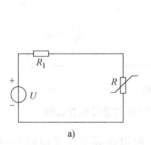
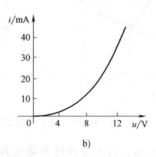

a)　　　　　　　　　　b)

图 10-14　第 1 题图

2. 图 10-15a 所示电路为一个线性电阻与一个二极管的串联电路，线性电阻和理想二极管的伏安特性曲线如图 10-15b 所示，$U = 5\text{V}$。

1）试画出这一串联电路的特性曲线；

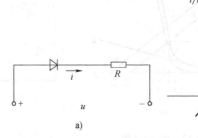
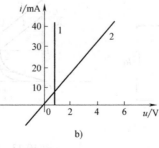

a)　　　　　　　　　　b)

图 10-15　第 2 题图

2）如果给这一电路加上 5V 的电压，求电路中的电流 i。

3. 如图 10-16a 所示电路，非线性电阻元件 R_1、R_2 的伏安特性如图 10-16b 所示，$U = 20V$，求各元件上的电流和电压。

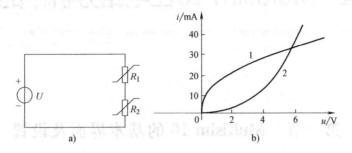

图 10-16　第 3 题图

4. 上题电路中，若两个非线性电阻并联，再求各元件上的电流和电压。

5. 如图 10-17a 所示电路中，非线性网络 N 的伏安特性曲线如图 10-17b 所示。

（1）若 $U_s = 10V$，$R = 1k\Omega$，求电流 I；

（2）若 $U_s = 5V$，$I = 1mA$，求电阻 R；

（3）若 $U_s > 5V$，$R = 1k\Omega$，求 N 的等效电路；

（4）若 $U_s < 4V$，再求 N 的等效电路。

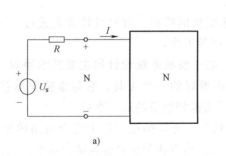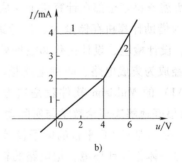

图 10-17　第 5 题图

第十一章 Multisim 10在电路分析中的应用

第一节 Multisim 10 的基本界面及设置

一、Multisim 的概述

1. Multisim 的发展

EDA（Electronic Design Automation）技术已经在电子设计领域得到广泛应用。目前已经基本上不存在电子产品的手工设计。一台电子产品的设计过程，从概念的确立，到包括电路原理、PCB、单片机程序、机内结构、FPGA 的构建及仿真、外观界面、热稳定分析、电磁兼容分析在内的物理级设计，再到 PCB 钻孔图、自动贴片、焊膏漏印、元器件清单、总装配图等生产所需资料等全部在计算机上完成。

EDA 技术借助计算机存储量大、运行速度快的特点，可对设计方案进行人工难以完成的模拟评估、设计检验、设计优化和数据处理等工作。

EDA 已经成为集成电路、印制电路板、电子整机系统设计的主要技术手段。美国国家仪器公司（NI）的 Multisim 软件就是这方面很好的一个工具，它与虚拟仪器技术（LAB-VIEW）可以很好地解决理论教学与实际动手实验相脱节的这一难题。

Multisim 10 是基于 PC 平台的电子设计软件，支持模拟和数字混合电路的分析和设计，创造了集成的一体化设计环境，把电路的输入、仿真和分析紧密地结合起来，实现了交互式的设计和仿真，是 NT 早期 EWB5.0、Multisim 2001、Multisim 7、Multisim 8.x、Multisim 9 等版本的升级换代产品。Multisim 10 提供了功能更强大的电子仿真设计界面，能进行包括微控制器件、射频、PSPICE、VHDL 等方面的各种电子电路的虚拟仿真，提供了更为方便的电路图和文件管理功能，且兼容 Multisim 7 等，可在 Multisim 10 的基本界面下打开在 Multisim 7 等版本软件下创建和保存的仿真电路。

2. Multisim 10 的基本功能

Multisim 10 的功能繁多，现将其基本功能简述如下。

1）建立电路原理图方便快捷。

2）用虚拟仪器仪表测试电路性能参数及波形准确直观。

3）完备的性能分析手段。

4）完美的兼容能力。

3. Multisim 10 的特点

① 操作界面方便友好，原理图的设计输入快捷。

② 元器件丰富，有数千个元器件模型。

③ 虚拟电子设备种类齐全，如同操作真实设备一样。

④ 分析工具广泛，帮助设计者全面了解电路的性能。

⑤ 能对实验电路进行全面的仿真分析和设计。

⑥ 可直接打印输出实验数据、曲线、原理图和元器件清单等。

4. Multisim 10 的运行环境

Multisim 10 的安装和运行都要求计算机满足一定的配置要求，才能可靠地工作。

5. Multisim 10 的安装

Multisim 10 的安装与其他应用软件的安装方法类似，只需根据软件安装盘在安装过程中的提示进行相应的设置即可，但最后需要重启计算机才能完成安装。

二、Multisim 10 的使用

1. Multisim 10 的启动

Multisim 10 启动时的画面如图 11-1 所示。

图 11-1　Multisim 10 启动时的画面

2. Multisim 10 的主窗口

启动后的 Multisim 10 的主窗口界面如图 11-2 所示。

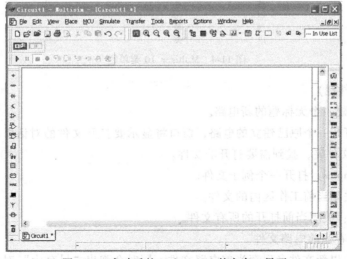

图 11-2　启动后的 Multisim 10 的主窗口界面

第二节　Multisim 10 的工具栏

启动后的 Multisim 10 的主窗口界面比较简单，但在创建电路原理图后就复杂了许多，如图 11-3 所示。

菜单栏
主工具栏
标准工具栏
仿真开关
元器件工具栏
项目管理器
电路图编辑区
虚拟仪器工具栏
状态栏

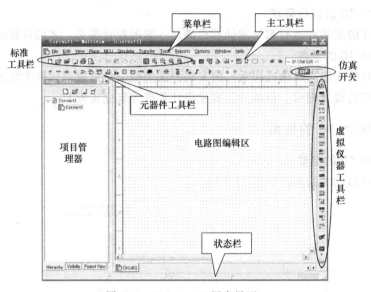

图 11-3　Multisim 10 用户界面

为方便用户操作，Multisim 10 设置了多种工具栏，这些工具栏可以通过执行菜单命令 “View”→“Toolbars” 打开或者关闭，如图 11-4 所示。

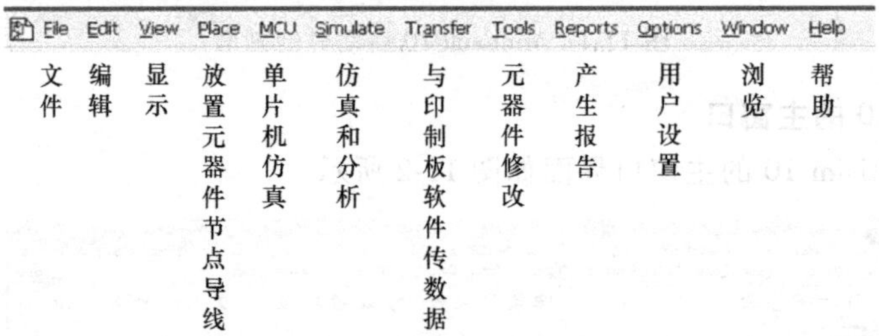

File Edit View Place MCU Simulate Transfer Tools Reports Options Window Help
文件
编辑
显示
放置元器件节点导线
单片机仿真
仿真和分析
与印制板软件传数据
元器件修改
产生报告
用户设置
浏览
帮助

图 11-4　Multisim 10 菜单栏

1. File（文件栏）

1）New：创建一个无标题的新电路。

2）Open：打开一个原已建立的电路，窗口将显示要打开文件的对话框，如果有必要可更改目录路径或文件夹，找到需要打开的文件。

3）Open Samples：打开一个例子文件。

4）Close：关闭当前工作区内的文件。

5）Close All：关闭当前打开的所有文件。

6）Save：保存当前电路文件。

7）Save As：以新文件名保存当前电路文件，同时会弹出“另存为”对话框，可以通过改变路径和文件名保存文件。

8）Save All：保存所有已打开的电路图文件。

9）New Project：新建一个项目文件。

10）Open Project：打开已存在的项目文件。

11）Save Project：保存当前项目文件。

12）Close Project：关闭编辑的项目文件。

13）Version Control：版本控制。

14）Print：打印。

15）Print Preview：打印预览。

16）Print Options：打印选项设置。

17）Recent Designs：最近打开的电路图文件。

18）Recent Projects：最近打开的项目文件。

19）Exit：关闭当前电路并退出 Multisim 10 系统，也可以用鼠标左键单击主窗口右上角的关闭按钮。

2. Edit（编辑栏）

Edit（编辑）命令主要用于在电路设计过程中，对电路、元器件及仪器进行各种处理操作。

1）Undo：撤销最近一次操作。

2）Redo：恢复最近一次操作。

3）Cut：剪切所选内容。

4）Copy：复制所选内容。

5）Paste：剪贴板中的内容粘贴。

6）Delete：删除选中的元器件、仪器或文本，使用删除命令要小心，删除的信息不可能被恢复。

7）Select All：选中当前窗口的所有项目。

8）Delete Multi-Page：删除多页电路中的某一页内容。

9）Paste as Subcircuit：将剪贴板中的电路图作为子电路粘贴到指定位置上。

10）Find：查找元器件。

11）Graphic Annotation：图形注释选项。

12）Order：改变电路图中所选元器件和注释的叠放次序。

13）Assign to Layer：指定所选层为注释层。

14）Layer Settings：层设置。

15）Orientation：对选中的元器件进行方向调整，包括垂直翻转、水平翻转、顺时针旋转 90°、逆时针旋转 90°等。

16）Title Block Position：设置电路图标题栏的位置。

17）Edit Symbol/ Title Block：编辑电路元器件符号或标题栏。

18）Font：设置字体。

19）Comment：编辑仿真电路的注释。

20）Forms/Questions：编辑与电路有关的问题。

21）Properties：打开属性对话框。

3. View（视图工具栏）

1）Full Screen：全屏显示电路窗口。

2）Parent Sheet：显示子电路或者分层电路的父节点。

3）Zoom In：将电路窗口中的内容放大。

4）Zoom Out：将电路窗口中的内容缩小。

5）Zoom Area：放大所选区域。

6）Zoom Fit to Page：显示完整电路图。

7）Zoom to magnification：按所设倍数放大。

8）Zoom Selection：以所选电路部分为中心进行放大。

9）Show Grid：显示栅格。

10）Show Border：显示电路边界。

11）Show Page Bounds：显示页边界。

12）Ruler Bars：显示标尺条。

13）Statusbar：显示状态栏。

14）Design Toolbox：显示设计工具箱。

15）Spreadsheet View：显示数据表格栏。

16）Circuit Description Box：显示或隐藏电路窗口中的描述框。

17）Toolbars：包含多个下拉工具栏，选中某工具栏即显示，否则不显示。

18）Show Comment/Probe：显示或隐藏电路窗口中的用于解释电路全部功能或部分功能的文本框。

19）Grapher：用于显示或隐藏仿真结果的图表。

4. 电路图编辑区

主窗口中间最大的区域是电路图编辑区，也称为 Workspace，是一个对电路进行操作的平台，在此窗口可进行电路图的编辑绘制、仿真分析及波形数据显示等操作。

5. 状态栏

状态栏（Statusbar）位于主窗口的最下面，用来显示当前操作以及鼠标所指条目的有关信息。

第三节　Multisim 10 编辑原理图

1. 创建新文件

启动 Multisim 10，执行"File"→"New"→"Schematic Capture"命令，即创建一个"Circuit1"电路原理图文件，如图 11-3 所示，该电路原理图文件可以在保存时重新命名。

2. 放置元器件

Multisim 10 软件不仅提供了数量众多的元器件符号图形，而且精心设计了元器件的模型，并分门别类地存放在各个元器件库中。

1）按图 11-5 所示放置电阻。

2）按图 11-6 所示放置电容。

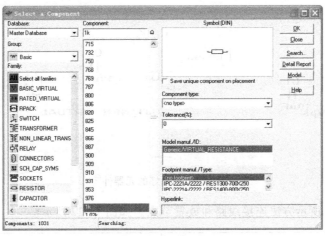

图 11-5　放置电阻

3）按图 11-7 所示放置 NPN 型晶体管。

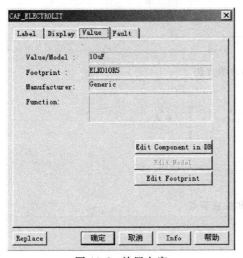

图 11-6　放置电容

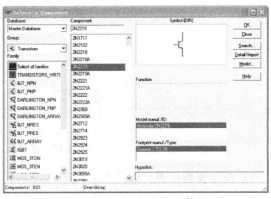

图 11-7　放置 NPN 型晶体管

4）按图 11-8 所示放置 6V 直流电源。

5）按图 11-9 放置交流信号源，放置好的元器件如图 11-10 所示。

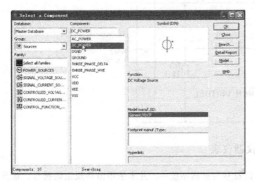

图 11-8　放置 6V 直流电源

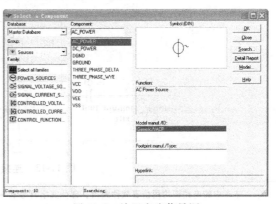

图 11-9　放置交流信号源

第十一章　Multisim 10 在电路分析中的应用

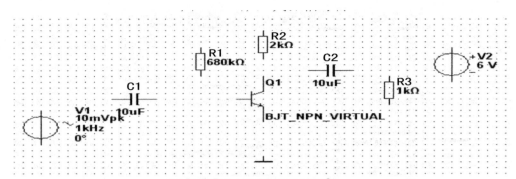

图 11-10　放置好的元器件[⊖]

6）按图 11-11 所示方法连接线路和放置节点，如图 11-12 所示。

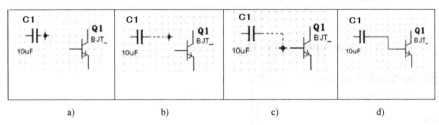

　　a)　　　　　　　　b)　　　　　　　　c)　　　　　　　　d)

图 11-11　连接元器件的方法

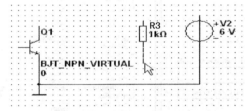

图 11-12　连接线路和放置节点

7）连接仪器仪表，如图 11-13 所示。

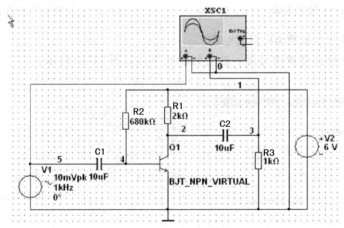

图 11-13　连接仪器仪表

⊖　本章中的电路图均用仿真软件画出，部分文字符号和单位符号与前面不统一，并未采用国标规定的符号，请读者在阅读时注意查对。

8）运行仿真。电路图绘制好后，用鼠标左键单击主窗口右上角的仿真开关，软件自动开始运行仿真，要观察波形还需要双击示波器图标，打开示波器的面板，并对示波器做适当的设置，就可以显示测试的数值和波形，如图 11-14 所示。

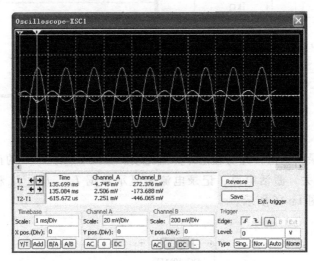

图 11-14　运行仿真的结果

9）保存电路文件。

实验十　基尔霍夫电压定律仿真实验

一、实验目的

1）验证基尔霍夫电压定律。

2）根据电路的电流和电压确定串联电阻电路的等效电阻。

3）熟悉 Multisim10 软件的使用。

二、实验原理

1）两个或两个以上的元件首尾依次连接在一起称为串联，串联电路中流过每个元件的电流相等。

2）基尔霍夫电压定律指出，在电路中环绕任意闭合路径一周，所有电压降的代数和必须等于所有电压升的代数和。

三、实验设备与器件

计算机一台（带 Multisim10 软件）。

四、实验内容

按图 11-15a 接线，实验步骤如下：

1）单击仿真开关，激活电路，数字万用表会显示测量到的电阻串联的等效电阻值，如

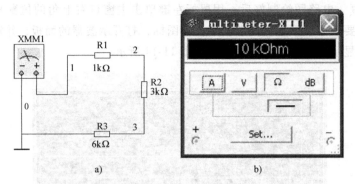

图 11-15　串联等效电阻仿真电路及数字万用表面板

图 11-15b 所示，记录测量值，并与理论计算值比较。验证 KCL、KVL 的正确性。

2）单击仿真开关，激活电路，记录电流表显示数据 I_{12}、I_{34}、I_{56} 和电压表显示数据 U_{23}、U_{45}、U_{60}，如图 11-16 所示。

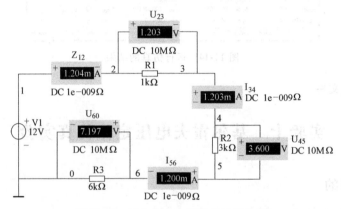

图 11-16　基尔霍夫电压定律仿真电路

3）利用测量的数据，验证基尔霍夫电压定律。

五、实验报告

由读者自行完成。

习　题

1. 虚拟万用表和实际万用表测量同一大小的电阻，测量值是否相同？为什么？
2. 搭建出如图 11-16 所示电路图并读出电压和电流值。

参 考 文 献

[1]　邱关源. 电路：上、下册 [M]. 5 版. 北京：高等教育出版社，2006.

[2]　高福华. 电工技术 [M]. 4 版. 北京：机械工业出版社，2009.

[3]　王民权. 电工基础 [M]. 北京：清华大学出版社，2013.

[4]　邱勇进. 电工基础 [M]. 北京：化学工业出版社，2016.

[5]　王卫. 电工学 [M]. 北京：机械工业出版社，2015.

参考文献

[1] ...

[2] ...，2009.

[3] ...，2012.

[4] ...，2016.

[5] ...，2015.